数学の基礎

数学基礎教育研究会 編

学術図書出版社

ま え が き

　大学で数学を学習していく上で，高校までの数学の内容を理解し，基本的な計算に習熟していることが望ましいのはいうまでもありません．しかしながら，高等学校における数学のカリキュラムは，社会の多様化に伴い様々な進路に合わせて選択できる形式を取っており，いざ大学で数学を学ぼうというときに必ずしもそれに相応しい準備を完了させていないことも多いでしょう．そのような状態で大学の授業に入っていけば，当然のことながら，たいがい学習困難に陥ってしまいます．大学の数学の中でも特に，解析学（微分積分学）においてこの傾向が著しいように思います．

　このようなときに，最善の方策は，いうまでもなく，大学入学後からでも高校の教科書を勉強し直すことでしょう．しかし，それは不可能なこととはいいませんが，すでに大学に入ってしまっていて時間が限られていることを考えれば，多くの人にとってあまり現実的とはいえません．先にもいいましたように，現在の高校数学のカリキュラムは，高校までで数学の学習を終える人を含め，選択の幅を持たせることを主眼に編成されており，理工系・情報系・社会科学系などを問わず大学で数学の学習を継続したい人にとってはいささか不自然で能率の悪い所があるように思えます．また，高校数学の単元に軽重をつけるつもりは決してありませんが，大学に入学して微分積分学の授業を受けるに当たって当面予備知識を補いたい人にとっては，少しでも早く勉強しておくべき優先順位も自ずと決まってきます．

　以上を踏まえ，「大学で微分積分学の授業を受けるに当たって必要最小限の高校数学の準備をする」ことを目的に，この本を編集しました．単元の取捨選択や配置，さらに各単元の中で何をどこまで扱うかについても，この目的を強く意識しました．最後の10章は，この目的とは離れるが，集合と論理についてある程度慣れていれば大学の数学がより理解し易いので，高校の復習ができるようにと考えて含めました．

　この本は，実際のリメディアルの授業おいてここ数年間使用したものを下書

きにして，書き直したものです．自習用にも使えるようにと考えて，例題演習を多く組み込みました．書き上げてみて，まだまだ完成の域には程遠い感がありますが，この本が，大学の数学への橋渡しとして読者の皆様に少しでもお役に立てば，執筆者一同の大きな喜びです．

　最後に，本書の出版をお薦め下さり，また出版に際してたいへんお世話になりました学術図書出版社の発田孝夫氏に厚くお礼申し上げます．

　2004年10月

執筆者一同

目　次

第1章　複素数と2次方程式
1. 複　素　数 …………………………………………… 1
2. 2次方程式 …………………………………………… 3
   　問の答とヒント ……………………………………… 7

第2章　因数定理と高次方程式
1. 整 式 の 除 法 ………………………………………… 8
2. 因 数 定 理 …………………………………………… 9
3. 高 次 方 程 式 ………………………………………… 10
   　問の答とヒント ……………………………………… 12

第3章　分　数　式
1. 分数式の計算 ………………………………………… 14
2. 分数式の分解 ………………………………………… 17
   　問の答とヒント ……………………………………… 21

第4章　三 角 関 数
1. 一般角と弧度法 ……………………………………… 22
2. 三 角 関 数 …………………………………………… 25
3. 三角関数の基本性質Ⅰ ……………………………… 27
4. 三角関数の基本性質Ⅱ ……………………………… 28
5. 三角関数のグラフ …………………………………… 30
6. 加 法 定 理 …………………………………………… 32
7. 倍 角 の 公 式 ………………………………………… 36
8. 三角関数の合成 ……………………………………… 37
9. 和 と 積 の 公 式 ……………………………………… 38
   　問の答とヒント ……………………………………… 40

第 5 章　指 数 関 数

1. 累乗と指数法則 ……………………………………………… 43
2. 累乗根と指数法則 …………………………………………… 44
3. 指 数 関 数 ……………………………………………………… 48
   問の答とヒント ……………………………………………… 49

第 6 章　対 数 関 数

1. 対数とその性質 ……………………………………………… 51
2. 逆 関 数 ………………………………………………………… 55
3. 対 数 関 数 ……………………………………………………… 57
   問の答とヒント ……………………………………………… 58

第 7 章　微分係数と導関数

1. 極 限 値 ………………………………………………………… 60
2. 微 分 係 数 ……………………………………………………… 61
3. 導 関 数 ………………………………………………………… 63
4. 微分法の公式 ………………………………………………… 65
   問の答とヒント ……………………………………………… 67

第 8 章　整式・有理式の導関数

1. 積 の 微 分 法 …………………………………………………… 69
2. 商 の 微 分 法 …………………………………………………… 70
3. 合成関数の微分法 …………………………………………… 72
   問の答とヒント ……………………………………………… 74

第 9 章　導関数の応用

1. 接線の方程式 ………………………………………………… 75
2. 関数の増加・減少 …………………………………………… 77
3. 関数の極大・極小 …………………………………………… 79
4. 最 大 ・ 最 小 …………………………………………………… 83

　　　　　問の答とヒント ………………………………………… 85

第10章　集合と命題
　　1．集　　合 ……………………………………………… 92
　　2．集合の要素の個数 ………………………………… 100
　　3．命 題 と 集 合 ………………………………………106
　　4．命 題 と 論 証 ………………………………………111
　　　　　問の答とヒント …………………………………114

公　式　集 ……………………………………………………119
ギリシャ文字 …………………………………………………134
索　　引 ………………………………………………………135

1

複素数と2次方程式

1. 複　素　数

　方程式 $x^2 = 2$ は，実数の範囲で $\pm\sqrt{2}$ を解にもつ．しかしながら，方程式 $x^2 = -2$ は，実数の範囲で解をもたない．なぜなら，どんな実数をとっても，その2乗は負にならないからである．そこで，すべての2次方程式が解けるように数の範囲を拡張することを考える．

　まず，2乗すると -1 になる新しい数を考えて，これを i と表し，**虚数単位**とよぶ．すなわち，

$$i^2 = -1$$

そして，$2+i$, $3-2i$, $\dfrac{1}{2}+\dfrac{\sqrt{3}}{2}i$, $-4i$ のような形の数，つまり，2つの実数 a, b を使って，

$$a+bi$$

の形で表される数を考え，これを**複素数**という．

　とくに，$b=0$ の場合は，$a+0\cdot i = a$ と考える．したがって，実数は複素数の特別な場合であって，実数の集合は複素数の集合に含まれていることになる．a, b が実数で，$b \neq 0$ のときは，$a+bi$ は実数でない複素数である．実数でない複素数を**虚数**という．

$$\text{複素数}\begin{cases}\text{実数}\\\text{虚数}\end{cases}$$

　2つの複素数が等しくなるのは次の場合である．

a, b, c, d が実数のとき，

1.　複　素　数　　**1**

$$a+bi = c+di \iff a=c,\ b=d$$
とくに，
$$a+bi = 0 \iff a=b=0$$

複素数 $a+bi$（a,b は実数）に対し，a を $a+bi$ の**実部**，b を $a+bi$ の**虚部**という．また，$a-bi$ を $a+bi$ の**共役複素数**という．たとえば，$3+2i$ の共役複素数は $3-2i$，$1-\sqrt{3}i$ の共役複素数は $1+\sqrt{3}i$ である．

次の例で示すように，複素数の四則計算（加減乗除）は，$a+bi$ を i の 1 次式として（$a+bx$ と同じように扱って）計算し，i^2 がでてきたら，i^2 を -1 で置き換えればよい．

例 1　（1）　$(2+3i)+(1-5i) = (2+1)+(3i-5i) = 3-2i$
（2）　$(2-3i)-(-1-5i) = (2+1)+(-3i+5i) = 3+2i$
（3）　$(3-2i)(5+i) = 15+(3-10)i-2i^2 = 15-7i+2 = 17-7i$

除法については，分母・分子に分母の共役複素数を掛ける．

（4）　$\dfrac{5-i}{3+2i} = \dfrac{(5-i)(3-2i)}{(3+2i)(3-2i)} = \dfrac{15-(10+3)i+2i^2}{9-4i^2}$
$\qquad\qquad = \dfrac{15-13i-2}{9+4} = \dfrac{13-13i}{13} = 1-i$

問 1　次の計算をせよ．
（1）　$(3-4i)+(5+2i)$　　　　（2）　$(2+7i)-(3-4i)$
（3）　$(4+3i)(2-5i)$　　　　（4）　$(4-3i)^2$
（5）　$\dfrac{1+5i}{3+2i}$　　　　　　　　（6）　$\dfrac{3-4i}{2-i}$

上のように積を定めておけば，実数の場合と同じく次のことがいえる．

α, β を複素数とするとき，$\alpha\beta = 0 \iff \alpha = 0$ または $\beta = 0$

$(\sqrt{2}i)^2 = 2i^2 = -2$ より，$\sqrt{-2}$ は $\sqrt{2}i$ を表すものと考えてもよい．そこで，$a<0$ のとき，$\sqrt{a}$ で $\sqrt{-a}\,i$ を表すことにする．：$\sqrt{a} = \sqrt{-a}\,i\ (a<0)$
平方根の定義から，$a \geqq 0$ のとき，$(\sqrt{a})^2 = a$ であるが，$a<0$ のときも，$(\sqrt{a})^2 = (\sqrt{-a}\,i)^2 = (\sqrt{-a})^2 i^2 = -a \cdot (-1) = a$ となる．すなわち，

> すべての実数 a に対して，$(\sqrt{a})^2 = a$

注意 負の実数の根号はそのまま計算しないこと．必ず，虚数単位で表す形に（たとえば，$\sqrt{-3}$ を $\sqrt{3}i$ に）直してから計算すること．

2．2次方程式

定数 $a(\neq 0), b, c$ に対し，
$$ax^2 + bx + c = 0$$
を x についての2次方程式という．方程式をみたす x の値を，その方程式の**解**（または根）といい，方程式のすべての解を求めることを，**方程式を解く**という．以下では，係数 a, b, c が実数の2次方程式を解くことを考えてみよう．

例2 まず，
$$x^2 - x - 6 = 0 \tag{1}$$
を因数分解を利用して解いてみよう．左辺を因数分解し，"$AB = 0 \iff A = 0$ または $B = 0$" に注意すると，
$$x^2 - x - 6 = 0 \iff (x+2)(x-3) = 0$$
$$\iff x+2 = 0 \text{ または } x-3 = 0$$
$$\iff x = -2 \text{ または } x = 3$$
ゆえに，方程式(1)の解は -2 と 3 である（このことを，$x = -2, 3$ とかく）．

この例と同じようにして，次のことがわかる．

> $x^2 + px + q = (x-\alpha)(x-\beta)$ と因数分解されるとき，
> 2次方程式 $x^2 + px + q = 0$ の解は，$x = \alpha, \beta$
$$\tag{2}$$

例3 次に，すぐには因数分解できない2次方程式
$$3x^2 + 5x + 1 = 0 \tag{3}$$
を解いてみよう．両辺を3で割って，
$$x^2 + \frac{5}{3}x + \frac{1}{3} = 0$$

$x^2+2px+p^2=(x+p)^2$, $A^2-B^2=(A-B)(A+B)$ を使って，

$$\begin{aligned}
x^2+\frac{5}{3}x+\frac{1}{3} &= x^2+2\cdot\frac{5}{6}x+\frac{1}{3}\\
&= x^2+2\cdot\frac{5}{6}x+\left(\frac{5}{6}\right)^2-\left(\frac{5}{6}\right)^2+\frac{1}{3}\\
&= \left(x+\frac{5}{6}\right)^2-\frac{13}{36}\\
&= \left(x+\frac{5}{6}\right)^2-\left(\frac{\sqrt{13}}{6}\right)^2\\
&= \left(x+\frac{5}{6}-\frac{\sqrt{13}}{6}\right)\left(x+\frac{5}{6}+\frac{\sqrt{13}}{6}\right)\\
&= \left(x-\frac{-5+\sqrt{13}}{6}\right)\left(x-\frac{-5-\sqrt{13}}{6}\right)
\end{aligned}$$

したがって，

$$x^2+\frac{5}{3}x+\frac{1}{3}=0 \iff \left(x-\frac{-5+\sqrt{13}}{6}\right)\left(x-\frac{-5-\sqrt{13}}{6}\right)=0$$

ゆえに，(2) より，(3) の解は $x=\dfrac{-5\pm\sqrt{13}}{6}$

> **問 2** 上の方法で，次の 2 次方程式を解いてみよ．
> （1） $2x^2-3x+\dfrac{9}{8}=0$ 　　（2） $x^2+6x+25=0$（$-1=i^2$ に注意）

上のような考え方を利用して，一般の 2 次方程式
$$ax^2+bx+c=0 \tag{4}$$
を解いてみよう．(4) の両辺を a で割って，
$$x^2+\frac{b}{a}x+\frac{c}{a}=0$$
$x^2+2px+p^2=(x+p)^2$ を使って，
$$\begin{aligned}
x^2+\frac{b}{a}x+\frac{c}{a} &= x^2+2\cdot\frac{b}{2a}x+\frac{c}{a}\\
&= x^2+2\cdot\frac{b}{2a}x+\left(\frac{b}{2a}\right)^2-\left(\frac{b}{2a}\right)^2+\frac{c}{a}
\end{aligned}$$

$$= \left(x+\frac{b}{2a}\right)^2 - \frac{b^2-4ac}{4a^2} \quad (=(*)\text{とおく})$$

ここで，$b^2-4ac=D$ とおくと，D が正，0，負のいずれであっても，

$$\frac{b^2-4ac}{4a^2} = \frac{D}{4a^2} = \left(\frac{\sqrt{D}}{2a}\right)^2$$

が成り立つ（p.3 参照）．これと $A^2-B^2=(A-B)(A+B)$ を使って，

$$(*) = \left(x+\frac{b}{2a}\right)^2 - \left(\frac{\sqrt{D}}{2a}\right)^2$$

$$= \left(x+\frac{b}{2a}-\frac{\sqrt{D}}{2a}\right)\left(x+\frac{b}{2a}+\frac{\sqrt{D}}{2a}\right)$$

$$= \left(x-\frac{-b+\sqrt{D}}{2a}\right)\left(x-\frac{-b-\sqrt{D}}{2a}\right)$$

したがって，

$$x^2+\frac{b}{a}x+\frac{c}{a}=0 \iff \left(x-\frac{-b+\sqrt{D}}{2a}\right)\left(x-\frac{-b-\sqrt{D}}{2a}\right)=0$$

ゆえに，(2) より，(4) の解は次のようになる．

● 2 次方程式の解の公式

$b^2-4ac=D$ とおくとき，2 次方程式 $ax^2+bx+c=0$ の解は，

$$x = \frac{-b \pm \sqrt{D}}{2a}$$

（ただし，$D<0$ のとき，$\sqrt{D}=\sqrt{-D}\,i$）

問 3 解の公式を使って，次の 2 次方程式を解け．

(1) $2x^2-3x-1=0$ (2) $5x^2+6x+\dfrac{9}{5}=0$

(3) $x^2-4x+9=0$ (4) $4x^2-11x+6=0$

(5) $2x^2+2x+5=0$

係数 a,b,c が実数の 2 次方程式 $ax^2+bx+c=0$ において，$b^2-4ac\,(=D$ とおく）をその**判別式**という．解の公式からわかるように，$D \geqq 0$ のとき，解は実数であり，$D<0$ のとき，解は虚数である．また，$D \neq 0$ のとき，異な

る 2 つの解があるが，$D=0$ のときは，解は $-\dfrac{b}{2a}$ の 1 つだけである．$D=0$ のときは，$ax^2+bx+c=a\left(x+\dfrac{b}{2a}\right)^2$ となり，$x=-\dfrac{b}{2a}$ は 2 つの解が重なったものと考えられるので，**重解**とよぶ．以上のことから，$ax^2+bx+c=0$ の解は，判別式 D を使って，次のように判別される．

●$ax^2+bx+c=0$ の解の判別

（ⅰ） $D=b^2-4ac>0 \Longleftrightarrow$ 異なる 2 つの実数解
（ⅱ） $D=b^2-4ac=0 \Longleftrightarrow$ 重解
（ⅲ） $D=b^2-4ac<0 \Longleftrightarrow$ 異なる 2 つの虚数解

問 4 次の 2 次方程式の解を判別せよ．
（1） $2x^2+7x+4=0$ （2） $3x^2-9x+7=0$
（3） $3x^2-4x+\dfrac{4}{3}=0$

$ax^2+bx+c=0$ の 2 つの解を α,β とするとき，解の公式の証明から，
$$x^2+\frac{b}{a}x+\frac{c}{a}=\left(x-\frac{-b+\sqrt{D}}{2a}\right)\left(x-\frac{-b-\sqrt{D}}{2a}\right)=(x-\alpha)(x-\beta)$$
したがって，
$$ax^2+bx+c=a\left(x^2+\frac{b}{a}x+\frac{c}{a}\right)=a(x-\alpha)(x-\beta)$$
すなわち，(2) の逆が成り立つことがわかった．

●2 次式の因数分解

2 次方程式 $ax^2+bx+c=0$ の 2 つの解を，α,β とするとき，
$$ax^2+bx+c=a(x-\alpha)(x-\beta)$$

上で，右辺を展開して，
$$ax^2+bx+c=ax^2-a(\alpha+\beta)x+a\alpha\beta$$
両辺の係数を比較して，
$$b=-a(\alpha+\beta), \quad c=a\alpha\beta$$
これより，次の関係が得られる．

- **解と係数の関係**

2 次方程式 $ax^2+bx+c=0$ の 2 つの解を，α, β とするとき，
$$\alpha+\beta = -\frac{b}{a}, \qquad \alpha\beta = \frac{c}{a}$$

問 5 解の公式を使って，因数分解せよ．
（1） $2x^2-7x+6$ （2） $x^2+2x+10$

問 6 $2x^2+3x+4=0$ の 2 つの解を α, β とするとき，次の式の値を求めよ．
（1） $\dfrac{1}{\alpha}+\dfrac{1}{\beta}$ （2） $\alpha^2+\beta^2$ （3） $\alpha^3+\beta^3$

問の答とヒント

問 1（1） $8-2i$ （2） $-1+11i$ （3） $23-14i$ （4） $7-24i$
（5） $1+i$ （6） $2-i$

問 2（1） $\left(x-\dfrac{3}{4}\right)^2=0$ より，$x=\dfrac{3}{4}$
（2） $(x+3)^2-(4i)^2=(x+3-4i)(x+3+4i)=0$ より，$x=-3\pm 4i$

問 3（1） $x=\dfrac{3\pm\sqrt{17}}{4}$ （2） $x=-\dfrac{3}{5}$ （3） $x=2\pm\sqrt{5}\,i$
（4） $x=\dfrac{11\pm\sqrt{25}}{8}=2,\ \dfrac{3}{4}$ （5） $x=\dfrac{-2\pm\sqrt{36}\,i}{4}=\dfrac{-1\pm 3i}{2}$

問 4 判別式を D とおく．
（1） $D=17>0$，異なる 2 つの実数解
（2） $D=-3<0$，異なる 2 つの虚数解
（3） $D=0$，重解

問 5（1） $2x^2-7x+6=2\left(x-\dfrac{3}{2}\right)(x-2)(=(2x-3)(x-2))$
（2） $x^2+2x+10=\{x-(-1+3i)\}\{x-(-1-3i)\}=(x+1-3i)(x+1+3i)$

問 6 $\alpha+\beta=-\dfrac{3}{2},\ \alpha\beta=2$
（1） $\dfrac{1}{\alpha}+\dfrac{1}{\beta}=\dfrac{\alpha+\beta}{\alpha\beta}=-\dfrac{3}{4}$ （2） $\alpha^2+\beta^2=(\alpha+\beta)^2-2\alpha\beta=-\dfrac{7}{4}$
（3） $\alpha^3+\beta^3=(\alpha+\beta)(\alpha^2-\alpha\beta+\beta^2)=(\alpha+\beta)\{(\alpha^2+2\alpha\beta+\beta^2)-3\alpha\beta\}$
$\qquad =(\alpha+\beta)\{(\alpha+\beta)^2-3\alpha\beta\}=\dfrac{45}{8}$

2

因数定理と高次方程式

1. 整式の除法

整式の除法については，整数の除法と同じように，整式を整式で割って，商と余りを求めることができる．

例1 $A(x) = 3x^4+4x^3+2x+1$, $B(x) = x^2+2x+3$ のとき，$A(x) \div B(x)$ の計算は，下のようになり，最後に残った整式 $18x+16$ は，$B(x)$ より次数が低いので，整式の範囲ではこれ以上計算をつづけることはできない．

$$
\begin{array}{r}
3x^2-2x-5 \\
x^2+2x+3 \overline{) 3x^4+4x^3 + 2x+ 1} \\
\underline{3x^4+6x^3+9x^2 } \quad \cdots\cdots B(x)\times 3x^2 \\
-2x^3-9x^2+ 2x \\
\underline{-2x^3-4x^2- 6x } \quad \cdots\cdots B(x)\times (-2x) \\
-5x^2+ 8x+ 1 \\
\underline{-5x^2-10x-15} \quad \cdots\cdots B(x)\times (-5) \\
18x+16
\end{array}
$$

このとき，$3x^2-2x-5$ は**商**で，$18x+16$ は**余り**である．

上の例1の計算をまとめると，
$$A(x)-B(x)\cdot 3x^2-B(x)\cdot(-2x)-B(x)\cdot(-5) = 18x+16$$
$$A(x)-B(x)(3x^2-2x-5) = 18x+16$$
すなわち，
$$A(x) = B(x)(3x^2-2x-5)+(18x+16)$$
となる．一般に，次の関係が成り立つ．

●商と余り

整式 $A(x)$ を整式 $B(x)$ で割ったときの商を $Q(x)$，余りを $R(x)$ とするとき，
$$A(x) = B(x)Q(x)+R(x), \quad R(x) \text{ の次数} < B(x) \text{ の次数}$$

$A(x)$ が $B(x)$ で割り切れるのは，$R(x) = 0$ の場合である．

問 1 次の計算をして，商と余りを求めよ．
（1）$(x^3+2x^2+3) \div (x+1)$　　（2）$(x^3+x-4) \div (x-2)$
（3）$(2x^3-x^2-10x) \div (x^2-3x-2)$

2. 因 数 定 理

整式 $P(x)$ を 1 次式で割ったときの余りを，簡単に求める方法がある．たとえば，$P(x) = x^2+2x-3$ を 1 次式 $x-a$ で割ってみよう．

$$
\begin{array}{r}
x+(a+2) \\
x-a\overline{)x^2 + 2x -3} \\
\underline{x^2 - ax } \\
(a+2)x -3 \\
\underline{(a+2)x -a^2-2a} \\
a^2+2a-3
\end{array}
$$

余りを R とすると，上の計算から，
$$R = a^2+2a-3$$
となる．これは，$P(x)$ に $x = a$ を代入した値 $P(a)$ に等しくなっている．このことは，x の整式を 1 次式 $x-a$ で割った場合にいつでも成り立つ．

●剰余の定理

整式 $P(x)$ を $x-a$ で割ったときの余りは $P(a)$ に等しい．

証明 $P(x)$ を 1 次式 $x-a$ で割ったときの商を $Q(x)$，余りを R とすると，R は定数で，
$$P(x) = (x-a)Q(x)+R$$
この両辺に，$x = a$ を代入すると，
$$P(a) = 0 \times Q(a)+R, \quad \text{よって，} \quad P(a) = R$$
すなわち，余り R は，$P(x)$ に $x = a$ を代入した値 $P(a)$ に等しい．

例 2 $P(x) = x^3+2x^2-3$ を $x+1$ で割ったときの余りは，
$$P(-1) = (-1)^3+2\times(-1)^2-3 = -2$$

問 2 剰余の定理を利用して，$P(x) = x^3+3x^2-x-6$ を次の式で割ったときの余りを求めよ．
（1） $x-1$　　（2） $x+1$　　（3） $x-2$　　（4） $x+2$

整式 $P(x)$ が 1 次式 $x-a$ で割り切れるのは，$P(x)$ を $x-a$ で割ったときの余り $R = P(a)$ が 0 のときである．このとき，
$$P(x) = (x-a)Q(x)$$
と因数分解できる．したがって，次のことが成り立つ．

●因数定理

整式 $P(x)$ が $x-a$ を因数にもつ $\iff P(a) = 0$

例 3 因数定理を利用して，$P(x) = x^3-3x+2$ を因数分解してみよう．
$P(1) = 1-3+2 = 0$ だから，$P(x)$ は $x-1$ を因数にもつ．割り算をすると，商は x^2+x-2 となる．したがって，
$$P(x) = (x-1)(x^2+x-2) = (x-1)^2(x+2)$$

問 3 因数定理を利用して，次の式を因数分解せよ．
（1） x^3+4x^2+x-6　　（2） x^3-3x^2+4　　（3） $x^4-x^3-7x^2+x+6$

3．高次方程式

x の整式 $P(x)$ が n 次式のとき，$P(x) = 0$ を n 次方程式という．たとえば，$x^3+2x^2-3 = 0$ は 3 次方程式，$x^4-5x^2-2x+6 = 0$ は 4 次方程式である．3 次以上の方程式を，**高次方程式**という．

高次方程式 $P(x)$ を解くことは，一般には容易ではないが（解けないこともある），因数定理などを使って，$P(x)$ が 1 次式や 2 次式の積に因数分解できる場合は，簡単に解ける．

例 4 3 次方程式 $x^3-8 = 0$ を解いてみよう．
公式 $a^3-b^3 = (a-b)(a^2+ab+b^2)$ を使って左辺を因数分解して，
$$x^3-8 = x^3-2^3 = (x-2)(x^2+2x+4) = 0$$
$$\iff x-2 = 0 \quad \text{または} \quad x^2+2x+4 = 0$$

第 2 章　因数定理と高次方程式

よって，$x = 2, -1 \pm \sqrt{3}i$

問 4 次の方程式を解け．
　（1）$x^3+8=0$　　（2）$x^3+1=0$　　（3）$x^4-16=0$

一般に，数式 $P(x)$ は，実数の範囲で
$$P(x) = (x-a_1)(x-a_2)\cdots(x^2+b_1x+c_1)(x^2+b_2x+c_2)\cdots$$
のように，1次式または2次式の積に因数分解されることが知られている．上の例4からもわかるように，このような因数分解を見つけることができれば，方程式 $P(x) = 0$ は容易に解ける．

前節では，因数定理を利用して3次式や4次式を因数分解することを学んだ．これからもわかるように，高次方程式を解く際にも，因数定理は役に立つ．

例5 因数定理を使って，3次方程式 $x^3-x^2-5x+2=0$ を解いてみよう．
$P(x) = x^3-x^2-5x+2$ とおくと，$P(-2) = (-2)^3-(-2)^2-5\times(-2)+2 = 0$ だから，$P(x)$ は $x+2$ を因数にもつ．割り算して商を求めて，
$$P(x) = x^3-x^2-5x+2 = (x+2)(x^2-3x+1)$$
$P(x) = 0$ から，
$$x+2=0 \quad \text{または} \quad x^2-3x+1=0$$
よって，$x = -2, \dfrac{3\pm\sqrt{5}}{2}$

問 5 次の方程式を解け．
　（1）$x^3-7x+6=0$　　（2）$x^3+4x^2-3x-18=0$
　（3）$x^3+x+2=0$　　（4）$x^3+5x^2+7x+2=0$

例6 4次方程式 $x^4+2x^3+x^2-2x-2=0$ を解いてみよう．$P(x) = x^4+2x^3+x^2-2x-2$ とおくと，$P(1) = 1+2+1-2-2 = 0$ だから，$P(x)$ は $x-1$ を因数にもつ．割り算して，
$$P(x) = x^4+2x^3+x^2-2x-2 = (x-1)(x^3+3x^2+4x+2)$$
次に，$Q(x) = x^3+3x^2+4x+2$ とおくと，$Q(-1) = -1+3-4+2 = 0$ だから，$Q(x)$ は $x+1$ を因数にもつ．割り算して，

3．高次方程式

$$Q(x) = x^3+3x^2+4x+2 = (x+1)(x^2+2x+2)$$

したがって，$P(x) = (x-1)(x+1)(x^2+2x+2)$

$P(x) = 0$ から，

$$x-1 = 0 \quad または \quad x+1 = 0 \quad または \quad x^2+2x+2 = 0$$

よって，$x = \pm 1, -1\pm i$.

問 6 次の方程式を解け．
（1） $x^4-3x^2-6x+8 = 0$ （2） $x^4+3x^3-2x^2-12x-8 = 0$

例 7 4 次方程式 $x^4-2x^2-15 = 0$ を解いてみよう．$x^2 = X$ とおいて，因数分解すると，

$$x^4-2x^2-15 = X^2-2X-15 = (X-5)(X+3) = (x^2-5)(x^2+3)$$

したがって，

$$x^4-2x^2-15 = 0 \Longleftrightarrow (x^2-5)(x^2+3) = 0$$
$$\Longleftrightarrow x^2-5 = 0 \quad または \quad x^2+3 = 0$$

よって，$x = \pm\sqrt{5}, \pm\sqrt{3}i$.

問 7 次の方程式を解け．
（1） $x^4+x^2-12 = 0$ （2） $(x^2+x)^2-5(x^2+x)-6 = 0$
（3） $x^6-2x^4-x^2+2 = 0$ （4） $(x^2-2x)^3+3(x^2-2x)^2-4 = 0$

問の答とヒント

問 1 （1） 商：x^2+x-1，余り：4　（2） 商：x^2+2x+5，余り：6
（3） 商：$2x+5$，余り：$9x+10$
問 2 （1） $P(1) = -3$　（2） $P(-1) = -3$　（3） $P(2) = 12$
（4） $P(-2) = 0$
問 3 （1） $(x-1)(x^2+5x+6) = (x-1)(x+2)(x+3)$
（2） $(x+1)(x^2-4x+4) = (x+1)(x-2)^2$
（3） $(x-1)(x^3-7x-6) = (x-1)(x+1)(x^2-x-6)$
$\qquad = (x-1)(x+1)(x+2)(x-3)$
問 4 （1） $x^3+8 = x^3+2^3 = (x+2)(x^2-2x+4) = 0$, $x = -2, 1\pm\sqrt{3}i$
（2） $x^3+1 = (x+1)(x^2-x+1) = 0$, $x = -1, \dfrac{1\pm\sqrt{3}i}{2}$

（3） $x^4-16 = (x^2)^2-4^2 = (x^2-4)(x^2+4) = 0$, $x = \pm 2, \pm 2i$

問 5 （1） $x^3-7x+6 = (x-1)(x^2+x-6) = (x-1)(x-2)(x+3) = 0$, $x = 1, 2, -3$

（2） $x^3+4x^2-3x-18 = (x-2)(x^2+6x+9) = (x-2)(x+3)^2 = 0$, $x = 2, -3$

（3） $x^3+x+2 = (x+1)(x^2-x+2) = 0$, $x = -1, \dfrac{1\pm\sqrt{7}i}{2}$

（4） $x^3+5x^2+7x+2 = (x+2)(x^2+3x+1) = 0$, $x = -2, \dfrac{-3\pm\sqrt{5}}{2}$

問 6 （1） $x^4-3x^2-6x+8 = (x-1)(x^3+x^2-2x-8)$
$= (x-1)(x-2)(x^2+3x+4) = 0$,
$x = 1, 2, \dfrac{-3\pm\sqrt{7}i}{2}$

（2） $x^4+3x^3-2x^2-12x-8 = (x+1)(x^3+2x^2-4x-8)$
$=(x+1)(x-2)(x^2+4x+4) = (x+1)(x-2)(x+2)^2 = 0$,
$x = -1, 2, -2$

問 7 （1） $x^2 = X$ とおくと，
$x^4+x^2-12 = X^2+X-12 = (X-3)(X+4)$
$= (x^2-3)(x^2+4) = 0$, $x = \pm\sqrt{3}, \pm 2i$

（2） $x^2+x = X$ とおくと，
$(x^2+x)^2-5(x^2+x)-6 = X^2-5X-6 = (X-6)(X+1)$
$= (x^2+x-6)(x^2+x+1) = 0$,
$x = 2, -3, \dfrac{-1\pm\sqrt{3}i}{2}$

（3） $x^2 = X$ とおくと，
$x^6-2x^4-x^2+2 = X^3-2X^2-X+2 = (X-1)(X^2-X-2)$
$= (X-1)(X-2)(X+1) = (x^2-1)(x^2-2)(x^2+1) = 0$,
$x = \pm 1, \pm\sqrt{2}, \pm i$

（4） $x^2-2x = X$ とおくと，
$(x^2-2x)^3+3(x^2-2x)^2-4 = X^3+3X^2-4 = (X-1)(X^2+4X+4)$
$= (X-1)(X+2)^2 = (x^2-2x-1)(x^2-2x+2)^2 = 0$,
$x = 1\pm\sqrt{2}, 1\pm i$

3 分数式

1. 分数式の計算

たとえば，

$$\frac{x^2+1}{2x}, \quad \frac{1}{x+a}, \quad \frac{3x+4}{x^2-x+5}$$

のように整式 A と定数でない整式 B について，$\dfrac{A}{B}$ の形の式を**分数式**といい，A を分子，B を分母という．

分数式でも，分数の場合と同様に，分子・分母に 0 でない同じ整式をかけても，分子・分母を 0 でない同じ整式で割ってもよい．

$$\frac{A}{B} = \frac{AC}{BC}, \quad \frac{A}{B} = \frac{A \div D}{B \div D}$$

分数式でも，分母・分子を共通因数で割ることを約分という．

例1 （1）$\dfrac{6a^3x}{3a^2x^4} = \dfrac{2a}{x^3}$

（2）$\dfrac{x^2+5x+6}{x^2+x-2} = \dfrac{(x+2)(x+3)}{(x+2)(x-1)} = \dfrac{x+3}{x-1}$

$\dfrac{x^2-2x+4}{x-1}$ のように，分子，分母がこれ以上は式として約分できないとき，分数式は**既約**であるという．

問1 次の分数式を約分せよ．

（1）$\dfrac{4x^3y^2}{6xy^3}$　　（2）$\dfrac{x^2-x-6}{x^2-6x+9}$　　（3）$\dfrac{x^2-5x+4}{x^3-1}$

（4） $\dfrac{x^3-3x+2}{x^3+3x^2-4}$

分数式の乗法・除法は，分数の場合と同様に計算する．

$$\dfrac{A}{B}\times\dfrac{C}{D}=\dfrac{AC}{BD}, \quad \dfrac{A}{B}\div\dfrac{C}{D}=\dfrac{A}{B}\times\dfrac{D}{C}=\dfrac{AD}{BC}$$

問 2 次の計算をせよ．

（1） $\dfrac{y}{2x}\times 4x^3y^2$ （2） $\dfrac{3a}{4bx}\div\dfrac{ay}{2b}$ （3） $\dfrac{ab}{xy}\times\dfrac{y^2}{x^2}\div\dfrac{bc}{y}$

例 2 （1） $\dfrac{x+1}{x-3}\times\dfrac{x-1}{x^2+x}=\dfrac{(x+1)\cdot(x-1)}{(x-3)\cdot x(x+1)}=\dfrac{x-1}{x(x-3)}$

（2） $\dfrac{x^2-1}{x+2}\div\dfrac{x^2+2x-3}{x^2-4}=\dfrac{x^2-1}{x+2}\times\dfrac{x^2-4}{x^2+2x-3}$

$$=\dfrac{(x+1)(x-1)}{x+2}\times\dfrac{(x+2)(x-2)}{(x-1)(x+3)}$$

$$=\dfrac{(x+1)(x-2)}{x+3}$$

問 3 次の計算をせよ．

（1） $\dfrac{x}{x^2-1}\times\dfrac{x^2-3x+2}{x^2+2x}$ （2） $\dfrac{x^2-5x+6}{x^2+4x+4}\div\dfrac{x^2+x-6}{x^2-2x-8}$

分母が同じ分数式の和や差は，次のように1つにまとめられる．

$$\dfrac{B}{A}+\dfrac{C}{A}=\dfrac{B+C}{A}, \quad \dfrac{B}{A}-\dfrac{C}{A}=\dfrac{B-C}{A}$$

分母が違う分数式の和と差は，通分して（共通の分母をもつようにして）から上のように計算する．

例 3 （1） $\dfrac{3}{x-2}+\dfrac{2}{x+1}=\dfrac{3(x+1)}{(x-2)(x+1)}+\dfrac{2(x-2)}{(x-2)(x+1)}$

$$=\dfrac{3(x+1)+2(x-2)}{(x-2)(x+1)}=\dfrac{5x-1}{(x-2)(x+1)}$$

1．分数式の計算

（2） $\dfrac{x+2}{x^2-1}-\dfrac{x+3}{x^2+x-2} = \dfrac{x+2}{(x+1)(x-1)}-\dfrac{x+3}{(x-1)(x+2)}$

$\phantom{（2） \dfrac{x+2}{x^2-1}-\dfrac{x+3}{x^2+x-2}} = \dfrac{(x+2)^2}{(x+1)(x-1)(x+2)}-\dfrac{(x+1)(x+3)}{(x+1)(x-1)(x+2)}$

$\phantom{（2） \dfrac{x+2}{x^2-1}-\dfrac{x+3}{x^2+x-2}} = \dfrac{(x+2)^2-(x+1)(x+3)}{(x+1)(x-1)(x+2)}$

$\phantom{（2） \dfrac{x+2}{x^2-1}-\dfrac{x+3}{x^2+x-2}} = \dfrac{1}{(x+1)(x-1)(x+2)}$

問 4 次の計算をせよ．

（1） $x+1+\dfrac{1}{x-1}$ （2） $\dfrac{2}{x^2-x}+\dfrac{x-4}{x^2-2x}$

（3） $\dfrac{x+4}{x^2-x-2}-\dfrac{x+3}{x^2-1}$

例 4 $P = \dfrac{x-1-\dfrac{2x}{x+2}}{x+2-\dfrac{1}{x+2}}$

を簡単にしてみよう（このような分数式を**繁分数式**という）．P の分子と分母に $x+2$ をかけて，

$$P = \dfrac{(x-1)(x+2)-2x}{(x+2)^2-1} = \dfrac{x^2-x-2}{x^2+4x+3} = \dfrac{(x+1)(x-2)}{(x+1)(x+3)} = \dfrac{x-2}{x+3}$$

例 4 は，次のように計算してもよい．

$$\text{分子} = \dfrac{(x-1)(x+2)-2x}{x+2} = \dfrac{x^2-x-2}{x+2} = \dfrac{(x+1)(x-2)}{x+2}$$

$$\text{分母} = \dfrac{(x+2)^2-1}{x+2} = \dfrac{x^2+4x+3}{x+2} = \dfrac{(x+1)(x+3)}{x+2}$$

したがって，

$$P = \left(x-1-\dfrac{2x}{x+2}\right) \div \left(x+2-\dfrac{1}{x+2}\right) = \dfrac{(x+1)(x-2)}{x+2} \div \dfrac{(x+1)(x+3)}{x+2}$$

$$ = \dfrac{(x+1)(x-2)}{x+2} \times \dfrac{x+2}{(x+1)(x+3)} = \dfrac{x-2}{x+3}$$

問 5 次の式を簡単にせよ．

（1）$\dfrac{1}{x+\dfrac{1}{x}}$　　（2）$\dfrac{\dfrac{1}{a}-\dfrac{1}{a+1}}{\dfrac{1}{a}+\dfrac{1}{a+1}}$　　（3）$\dfrac{1+\dfrac{2x}{1+x^2}}{2+\dfrac{4x}{1+x^2}+\dfrac{1-x^2}{1+x^2}}$

　整数と分数をあわせて有理数というように，整式と分数式をあわせて**有理式**という．

$$\text{有理数}\begin{cases}\text{整数}\\\text{分数}\end{cases}\qquad \text{有理式}\begin{cases}\text{整　式}\\\text{分数式}\end{cases}$$

有理数の和，差，積，商が有理数であるのと同じように，有理式の和，差，積，商は有理式である．

2．分数式の分解

　仮分数 $\dfrac{17}{5}$ は $\dfrac{17}{5}=3+\dfrac{2}{5}$ のように，整数と真分数の和で表される．これと同じようなことが，分数式についてもいえる．

例5　分数式 $\dfrac{x^3-4x+7}{x^2+2x-3}$ を

'整式' + '分子の次数が分母の次数より小さい分数式'

の形で表してみよう．
　$A(x)=x^3-4x+7,\ B(x)=x^2+2x-3$ とおく．$A(x)$ を $B(x)$ を割ったときの商は $x-2$，余りは $3x+1$ となるから．
$$A(x)=B(x)(x-2)+(3x+1)$$
と表される．したがって，分数式 $\dfrac{x^3-4x+7}{x^2+2x-3}$ は，

$$\dfrac{x^3-4x+7}{x^2+2x-3}=\dfrac{A(x)}{B(x)}=\dfrac{B(x)(x-2)+(3x+1)}{B(x)}$$
$$=\dfrac{B(x)(x-2)}{B(x)}+\dfrac{3x+1}{B(x)}=x-2+\dfrac{3x+1}{x^2+2x-3}$$

のように変形できる．

上の例5からもわかるように，一般に次のことが成り立つ．

> 整式 $A(x)$ を整式 $B(x)$ で割ったときの商を $Q(x)$，余りを $R(x)$ とするとき，
> $$\frac{A(x)}{B(x)} = Q(x) + \frac{R(x)}{B(x)} \quad (R(x) \text{の次数} < B(x) \text{の次数})$$

問 6 例5にならって，次の分数式を変形せよ．
（1）$\dfrac{3x-1}{x-1}$　　（2）$\dfrac{x^2}{x+2}$　　（3）$\dfrac{2x^2+3x-1}{x^2+x-2}$
（4）$\dfrac{x^3}{x^2-2x+5}$

次に，上の $\dfrac{R(x)}{B(x)}$ をさらに簡単な分数式の和に分解することを考える．たとえば，上の例5の $\dfrac{3x+1}{x^2+2x-3}$ は，
$$\frac{3x+1}{x^2+2x-3} = \frac{3x+1}{(x-1)(x+3)} = \frac{1}{x-1} + \frac{2}{x+3}$$
のように分解される（実際，右辺を計算すれば，左辺になる）．

このような分解について調べるために，まず，整式や分数式の等式について考えてみよう．たとえば，等式
$$(x+1)^2 - 1 = x(x+2), \quad \frac{1}{x-1} - \frac{1}{x+1} = \frac{2}{x^2-1}$$
では，どちらも左辺を変形すると右辺になる．

このように，整式や分数式についての等式で，両辺が式として等しいとき，つまり，両辺が四則計算によって同じ式に変形されるとき，この等式を**恒等式**という．

恒等式の両辺がある文字についての整式のとき，その文字について整理すれば，係数はすべて等しくなる．たとえば，

$ax^2 + bx + c = a'x^2 + b'x + c'$
が x についての恒等式 $\iff a = a', b = b', c = c'$

（文字が 2 つ以上あるときも，同じことがいえる．）

> **例題 1** $a(x-1)^2 + bx(x+1) + c(x^2-1) = 2x^2 - 5x + 1$ が x についての恒等式となるように，a, b, c の値を定めよ．

解 左辺を x について整理すると，
$$(a+b+c)x^2 + (-2a+b)x + a-c = 2x^2 - 5x + 1$$
係数を比べて，$a+b+c = 2,\ -2a+b = -5,\ a-c = 1$
これを解いて，$a = 2,\ b = -1,\ c = 1$

> **例題 2** $\dfrac{x+8}{(x-1)(x+2)} = \dfrac{a}{x-1} + \dfrac{b}{x+2}$ が x についての恒等式となるように，a, b の値を定めよ．

解 1 両辺に $(x-1)(x+2)$ を掛けて分母を払った式
$$x + 8 = a(x+2) + b(x-1)$$
が恒等式となればよい．右辺を x について整理すると，
$$x + 8 = (a+b)x + 2a - b$$
係数を比べて，$a+b = 1,\ 2a-b = 8$
これを解いて，$a = 3,\ b = -2$．

上のような方法を，**係数比較法**という．整式 $P(x),\ Q(x)$ について，

$P(x) = Q(x)$ が恒等式 $\Longrightarrow$ どんな x の値 a に対しても $P(a) = Q(a)$

が成り立つ．このことを使えば，次のような方法（**数値代入法**）もある．

解 2 両辺に $(x-1)(x+2)$ を掛けて分母を払った式
$$x + 8 = a(x+2) + b(x-1)$$
が恒等式となればよい．この右辺に，$x = 1,\ x = -2$ を代入すると，
$$9 = 3a,\ 6 = -3b \quad \text{したがって，} a = 3,\ b = -2$$
$a = 3,\ b = -2$ のとき，右辺を計算すると左辺に等しくなり，恒等式となることが，確かめられる．

2．分数式の分解

次のように，係数比較法と数値代入法を併用してもよい．

> **例題 3** $\dfrac{x^2-8x+7}{(x+1)(x^2-2x+5)} = \dfrac{a}{x+1} + \dfrac{bx+c}{x^2-2x+5}$ が x についての恒等式となるように，a, b, c の値を定めよ．

解 両辺に $(x+1)(x^2-2x+5)$ を掛けて分母を払った式
$$x^2-8x+7 = a(x^2-2x+5)+(bx+c)(x+1)$$
が恒等式となればよい．
この両辺に，$x = -1$, $x = 0$ を代入すると，$16 = 8a$, $7 = 5a+c$
両辺の x^2 の係数を比べて，$1 = a+b$
これらを解いて，$a = 2$, $b = -1$, $c = -3$
$a = 2$, $b = -1$, $c = -3$ のとき，右辺を計算すると左辺に等しくなり，恒等式となることが，確かめられる． ∎

例題 2 や例題 3 のように，分数式を，その分母の因数を分母とする分数式の和に分解することを，**部分分数分解** という．

問 7 次の式が，x についての恒等式となるように，定数 a, b, c の値を定めよ．
（1）$\dfrac{3x+5}{(x+1)(x+2)} = \dfrac{a}{x+1} + \dfrac{b}{x+2}$
（2）$\dfrac{2}{x(x-1)(x-2)} = \dfrac{a}{x} + \dfrac{b}{x-1} + \dfrac{c}{x-2}$
（3）$\dfrac{4x}{(x-1)(x+1)^2} = \dfrac{a}{x-1} + \dfrac{b}{x+1} + \dfrac{c}{(x+1)^2}$
（4）$\dfrac{5x+14}{(x-2)(x^2+2x+4)} = \dfrac{a}{x-2} + \dfrac{bx+c}{x^2+2x+4}$

注意 一般に，分数式
$$\dfrac{px^2+qx+r}{(x-\alpha)(x-\beta)^2} \quad (\alpha \neq \beta), \qquad \dfrac{px^2+qx+r}{(x-\alpha)(x^2+\gamma x+\delta)} \quad (\gamma^2-4\delta < 0)$$
は，それぞれ
$$\dfrac{px^2+qx+r}{(x-\alpha)(x-\beta)^2} = \dfrac{a}{x-\alpha} + \dfrac{b}{x-\beta} + \dfrac{c}{(x-\beta)^2}$$
$$\dfrac{px^2+qx+r}{(x-\alpha)(x^2+\gamma x+\delta)} = \dfrac{a}{x-\alpha} + \dfrac{bx+c}{x^2+\gamma x+\delta}$$

の形に部分分数分解されることが知られている．

問の答とヒント

問1 （1）$\dfrac{2x^2}{3y}$ （2）$\dfrac{x+2}{x-3}$ （3）$\dfrac{(x-1)(x-4)}{(x-1)(x^2+x+1)}=\dfrac{x-4}{x^2+x+1}$
（4）$\dfrac{(x-1)(x^2+x-2)}{(x-1)(x^2+4x+4)}=\dfrac{x-1}{x+2}$

問2 （1）$2x^2y^3$ （2）$\dfrac{3}{2xy}$ （3）$\dfrac{ay^2}{cx^3}$

問3 （1）$\dfrac{x-2}{(x+1)(x+2)}$ （2）$\dfrac{(x-3)(x-4)}{(x+2)(x+3)}$

問4 （1）$\dfrac{x^2}{x-1}$ （2）$\dfrac{x(x-3)}{x(x-1)(x-2)}=\dfrac{x-3}{(x-1)(x-2)}$
（3）$\dfrac{2(x+1)}{(x-1)(x-2)(x+1)}=\dfrac{2}{(x-1)(x-2)}$

問5 （1）$\dfrac{x}{x^2+1}$ （2）$\dfrac{1}{2a+1}$
（3）$\dfrac{x^2+2x+1}{x^2+4x+3}=\dfrac{(x+1)^2}{(x+1)(x+3)}=\dfrac{x+1}{x+3}$

問6 （1）$3+\dfrac{2}{x-1}$ （2）$x-2+\dfrac{4}{x+2}$ （3）$2+\dfrac{x+3}{x^2+x-2}$
（4）$x+2-\dfrac{x+10}{x^2-2x+5}$

問7 （1）$3x+5=a(x+2)+b(x+1)$ より，$a=2$, $b=1$
（2）$2=a(x-1)(x-2)+bx(x-2)+cx(x-1)$ より，$a=1$, $b=-2$, $c=1$
（3）$4x=a(x+1)^2+b(x-1)(x+1)+c(x-1)$ より，$a=1$, $b=-1$, $c=2$
（4）$5x+14=a(x^2+2x+4)+(bx+c)(x-2)$ より，$a=2$, $b=-2$, $c=-3$

4

三 角 関 数

1. 一般角と弧度法

下左図で，半直線 OX を固定し，半直線 OP を点 O の周りに回転させることによってできる角 XOP について考える．このとき OX を **始線**，OP を **動径** という．

回転の向きと角度の正負の関係については，時計の針と逆の向きに回転する場合は **正の角**，時計の針と同じ向きに回転する場合は **負の角** とする．負の角は，たとえば $-30°$ のように表す．

また，動径が 1 まわり以上回転する場合も考えることにする．

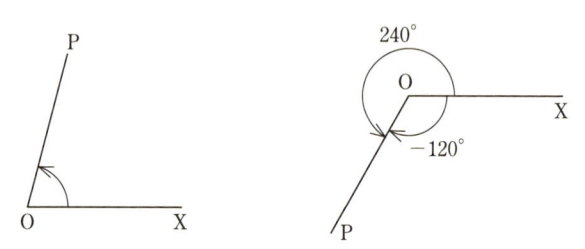

例1 $210°$，$405°$，$-300°$ の角

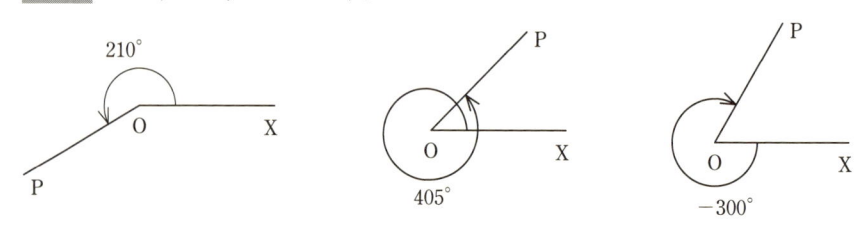

このように負の角や $360°$ より大きい角も含めた角を **一般角** という．

問 1 $240°$，$420°$，$600°$，$765°$，$-270°$，$-405°$ の角を図示せよ．

始線の位置を固定しておく．そのとき，角の大きさを与えると，それに対応する動径の位置はただ 1 つ定まる．しかし，逆に，動径の位置を与えても，それに対応する角の大きさは 1 つには定まらない．一般に，1 つの動径 OP と始線 OX とのなす角（一般角）は無数に多く考えられるが，それらは次のように表される．

> 動径 OP と始線 OX とのなす 1 つの角を α とすると，動径 OP と始線 OX とのなす一般角 θ は，
> $$\theta = \alpha + 360° \times n \quad \text{ただし，} n \text{は整数}$$

▎**弧度法**▎　これまでは，角の大きさを表すのに，度数法を用いてきた．ここで，新しい角の測り方（弧度法）を導入する．

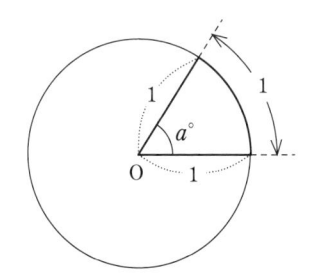

　半径 1 の円において，長さが 1 の弧に対する中心角を $a°$ とする．弧の長さは，その中心角に比例するから
$$\frac{1}{2\pi} = \frac{a}{360}$$
よって　$a = \dfrac{180}{\pi} (= 57.295\cdots)$

この角の大きさを 1 **ラジアン**（radian）という：
$$1\,\text{ラジアン} = \left(\frac{180}{\pi}\right)°$$

1 ラジアンを単位とする角の測り方を，**弧度法**という．

　半径 1 の円において，長さ 1 の弧に対する中心角の大きさを 1 ラジアンと定めたのである．したがって，長さ l の弧に対する中心角を θ ラジアンとする

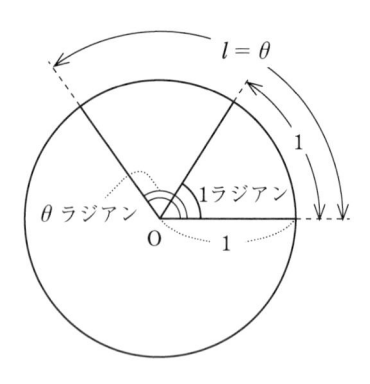

と，弧の長さは中心角に比例するから

$$\frac{l}{1} = \frac{\theta}{1} \quad \text{より} \quad \theta = l$$

すなわち，半径 1 の円の弧の長さが θ であるとき，中心角を θ とするのが弧度法による角度の測り方である．

1 ラジアン $= \left(\dfrac{180}{\pi}\right)^\circ$ または $1^\circ = \left(\dfrac{\pi}{180}\right)$ ラジアンより，次の関係が成り立つ．

$$a^\circ = \left(\frac{\pi}{180}a\right) \text{ラジアン}, \quad \theta \text{ラジアン} = \left(\frac{180}{\pi}\theta\right)^\circ$$

これらの関係をもとにして，度数と弧度の間の換算ができる．弧度法では，普通，単位のラジアンを省略する．

問 2 次の表の空欄にあてはまる度数または弧度を記入せよ．

度数	0°	30°	45°		90°	120°	180°		270°	360°
弧度	0			$\dfrac{\pi}{3}$			π	$\dfrac{5}{4}\pi$		

例題 1 半径 r，中心角 θ のおうぎ形の弧の長さを l，面積を S とするとき，次のことを証明せよ．ただし，$0 < \theta < 2\pi$ とする．

$$l = r\theta, \quad S = \frac{1}{2}r^2\theta$$

解 半径 r の円の周の長さは $2\pi r$ で，おうぎ形の弧の長さ l は，中心角 θ に比例するから，

$$l = 2\pi r \times \frac{\theta}{2\pi} = r\theta$$

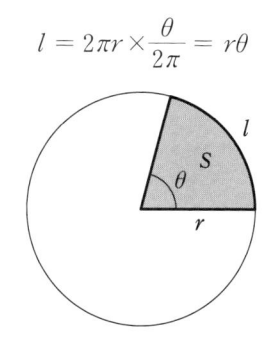

半径 r の円の面積は πr^2 で，おうぎ形の面積 S は，中心角 θ に比例するから，

$$S = \pi r^2 \times \frac{\theta}{2\pi} = \frac{1}{2} r^2 \theta$$

弧度法では，一般角は次のように表される．

> 動径 OP と始線 OX とのなす1つの角を α とすると，動径 OP と始線 OX とのなす一般角 θ は
> $$\theta = \alpha + 2\pi n \quad \text{ただし，} n \text{ は整数}$$

2．三 角 関 数

これ以降は，角 θ は弧度法による一般角とする．三角比と同様にして，一般角 θ の正弦（$\sin \theta$），余弦（$\cos \theta$），正接（$\tan \theta$）を定義しよう．

O を原点とする座標平面において，x 軸の正の部分を始線とし，角 θ の定める動径を OP とする．点 P の座標を (x, y) とし，OP $= r$ とすると，$\dfrac{y}{r}$，$\dfrac{x}{r}$，$\dfrac{y}{x}$ の値は，いずれも，r に関係なく θ によって決まる．そこで，三角比と同様に

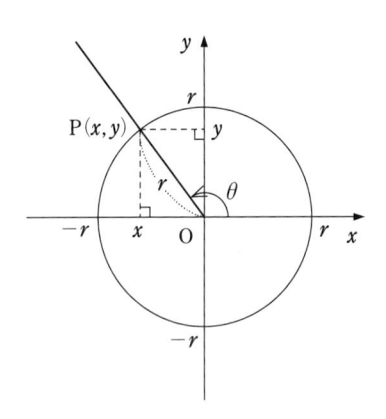

$$\sin\theta = \frac{y}{r}, \quad \cos\theta = \frac{x}{r}, \quad \tan\theta = \frac{y}{x}$$

と定義する．これらを**三角関数**という．ただし，$\theta = \dfrac{\pi}{2} + n\pi$（$n$ は整数）のときは，$x = 0$ となるので，$\tan\theta$ の値を定義しない．

座標平面において，原点を中心とする半径 1 の円を**単位円**という．

上で，点 P は単位円上にあるとし，直線 OP と直線 $x = 1$ との交点を T(1, m) とする．このとき，$r = 1$ に注意すると

$$\sin\theta = \frac{y}{1} = y, \quad \cos\theta = \frac{x}{1} = x, \quad \tan\theta = \frac{y}{x} = \frac{m}{1} = m$$

すなわち，

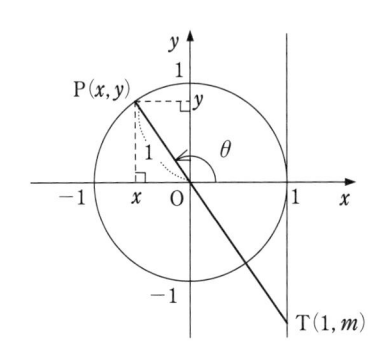

$$\sin\theta = y, \quad \cos\theta = x, \quad \tan\theta = m$$

これより，三角関数のとりうる値の範囲について，次のことがわかる．

$$-1 \leqq \sin\theta \leqq 1, \quad -1 \leqq \cos\theta \leqq 1$$
$$\tan\theta \text{ は任意の実数値をとりうる．}$$

問 3 θ を次の角とするとき，$\sin\theta$，$\cos\theta$，$\tan\theta$ の値を求めよ．

(1) $\dfrac{\pi}{6}$　　(2) $\dfrac{3}{4}\pi$　　(3) $\dfrac{4}{3}\pi$　　(4) $-\dfrac{\pi}{3}$

(5) $-\dfrac{7}{6}\pi$

問 4 三角関数の値は，各象限の角に対してそれぞれ一定の符号をもつことを確かめ，右の表にその符号を記入せよ．

象限	1	2	3	4
$\sin\theta$				
$\cos\theta$				
$\tan\theta$				

3．三角関数の基本性質 I

前節で学んだ三角関数の定義および三平方の定理から，三角比の場合と同様に，次の公式が成り立つことが容易にわかる．

●**三角関数の相互関係**

(1) $\tan\theta = \dfrac{\sin\theta}{\cos\theta}$

(2) $\sin^2\theta + \cos^2\theta = 1$

これらの公式を使えば，三角関数のうちのどれか 1 つの値がわかったとき，残りの三角関数の値がわかる．

例題 2 θ が第 2 象限の角で，$\sin\theta = \dfrac{2}{3}$ のとき，$\cos\theta$ の値を求めよ．

解 θ は第 2 象限の角であるから，$\cos\theta < 0$
したがって，$\sin^2\theta + \cos^2\theta = 1$ より

$$\cos\theta = -\sqrt{1 - \sin^2\theta} = -\sqrt{1 - \left(\dfrac{2}{3}\right)^2} = -\dfrac{\sqrt{5}}{3}$$

問 5 （1） θ が第1象限の角で，$\sin\theta = \dfrac{3}{4}$ のとき，$\cos\theta$ の値を求めよ．

（2） θ が第4象限の角で，$\cos\theta = \dfrac{1}{3}$ のとき，$\sin\theta$ の値を求めよ．

（3） $\dfrac{\pi}{2} < \theta < \pi$，$\sin\theta = \dfrac{\sqrt{7}}{4}$ のとき，$\cos\theta$，$\tan\theta$ の値を求めよ．

（4） $\pi < \theta < \dfrac{3}{2}\pi$，$\cos\theta = -\dfrac{3}{5}$ のとき，$\sin\theta$，$\tan\theta$ の値を求めよ．

問 6 （1） θ が第1象限の角で，$\tan\theta = 2$ のとき，$\cos\theta$，$\sin\theta$ の値を求めよ．

（2） $\dfrac{\pi}{2} < \theta < \pi$，$\tan\theta = -3$ のとき，$\cos\theta$，$\sin\theta$ の値を求めよ．

公式（1）および（2）より，次の公式が導かれる．この公式は，三角関数の式変形にしばしば用いられる．

●**三角関数の相互関係**

（3） $\tan^2\theta + 1 = \dfrac{1}{\cos^2\theta}$

問 7 公式（1）および（2）より，上の公式（3）を導け．

4．三角関数の基本性質 II

角 θ の定める動径と単位円 $x^2 + y^2 = 1$ の交点を P，角 $-\theta$ の定める動径と単位円の交点を Q とする．点 P の座標を (x, y) とすると，点 Q の座標は $(x, -y)$ である．このとき

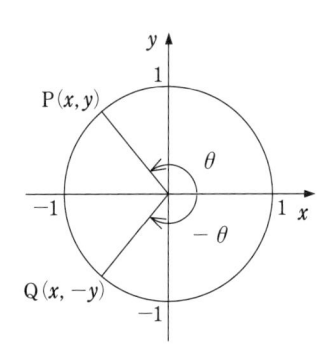

$$\sin\theta = y, \quad \cos\theta = x, \quad \tan\theta = \frac{y}{x}$$

$$\sin(-\theta) = -y, \quad \cos(-\theta) = x, \quad \tan(-\theta) = -\frac{y}{x}$$

である．これより，次の公式が成り立つ．

●**$-\theta$ の三角関数**

(4) $\begin{cases} \sin(-\theta) = -\sin\theta \\ \cos(-\theta) = \cos\theta \\ \tan(-\theta) = -\tan\theta \end{cases}$

---

n が整数であるとき，角 $\theta+2n\pi$ を表す動径は，角 θ を表す動径と一致する．このことから，次の公式が成り立つ．

●**$\theta+2n\pi$ の三角関数**

n を整数とするとき

(5) $\begin{cases} \sin(\theta+2n\pi) = \sin\theta \\ \cos(\theta+2n\pi) = \cos\theta \end{cases}$

注 正接については，$\tan(\theta+n\pi) = \tan\theta$ が成り立つ（次の5節参照）．

角 θ の定める動径と単位円 $x^2+y^2=1$ の交点を P，角 $\theta+\dfrac{\pi}{2}$ を定める動径と単位円の交点を Q とする．点 P の座標を (x,y) とすると，図からわかるように，点 Q の座標は $(-y,x)$ である．このとき

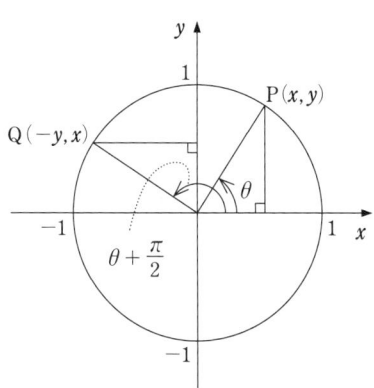

4．三角関数の基本性質II

$$\sin\theta = y, \quad \cos\theta = x, \quad \tan\theta = \frac{y}{x}$$

$$\sin\left(\theta+\frac{\pi}{2}\right) = x, \quad \cos\left(\theta+\frac{\pi}{2}\right) = -y, \quad \tan\left(\theta+\frac{\pi}{2}\right) = -\frac{x}{y}$$

である．これより，次の (6) が成り立つ．

●$\theta+\dfrac{\pi}{2}$ の三角関数

(6) $\begin{cases} \sin\left(\theta+\dfrac{\pi}{2}\right) = \cos\theta \\ \cos\left(\theta+\dfrac{\pi}{2}\right) = -\sin\theta \\ \tan\left(\theta+\dfrac{\pi}{2}\right) = -\dfrac{1}{\tan\theta} \end{cases}$

5．三角関数のグラフ

右図において，角 x の定める動径が OP となるように単位円上に点 $P(a, b)$ をとる．さらに，半直線 OP 上に点 $T(1, m)$ をとる．このとき，

$$\sin x = b, \quad \tan x = m$$

となる．これらを使うと，

$$y = \sin x, \quad y = \tan x$$

のグラフは，次のようになる．

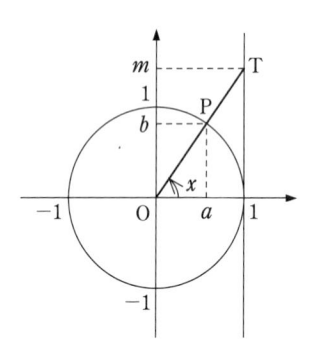

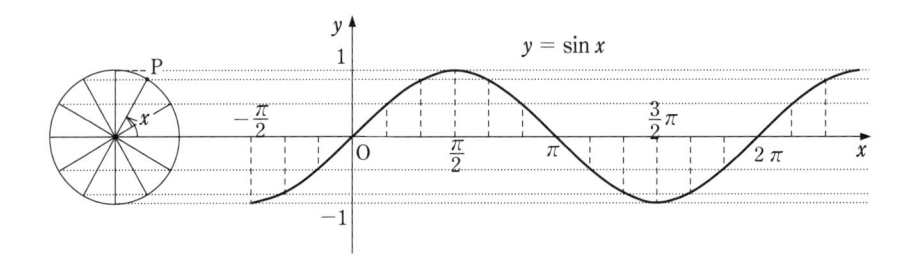

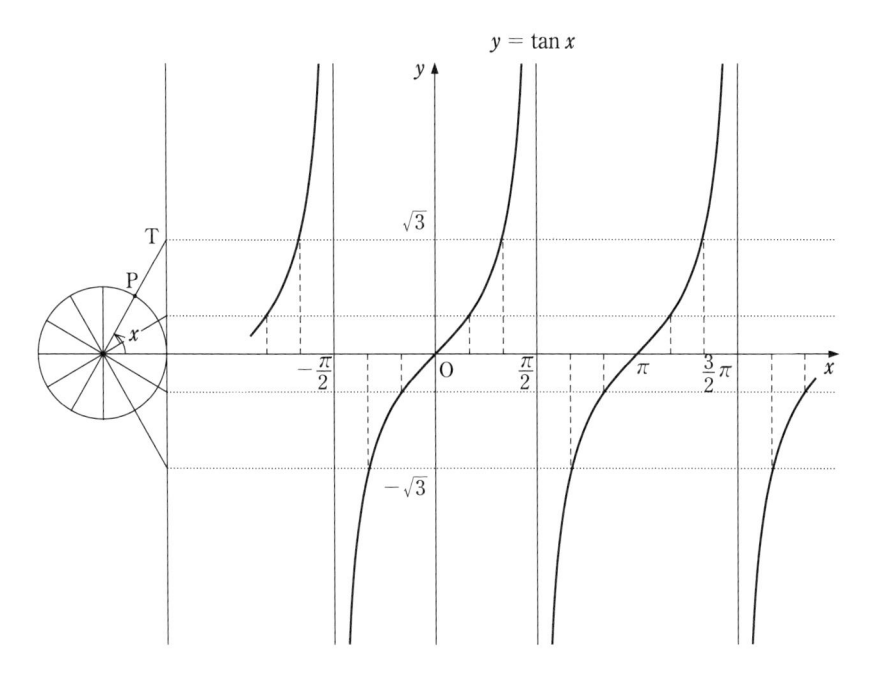

$y = \sin\left(x + \dfrac{\pi}{2}\right)$ のグラフは，$y = \sin x$ のグラフを x 軸方向に $-\dfrac{\pi}{2}$ だけ平行移動したものである．また，前節で学んだように，$\cos x = \sin\left(x + \dfrac{\pi}{2}\right)$ である．したがって，$y = \cos x$ のグラフは，$y = \sin x$ のグラフを x 軸方向に $-\dfrac{\pi}{2}$ だけ平行移動したものである．

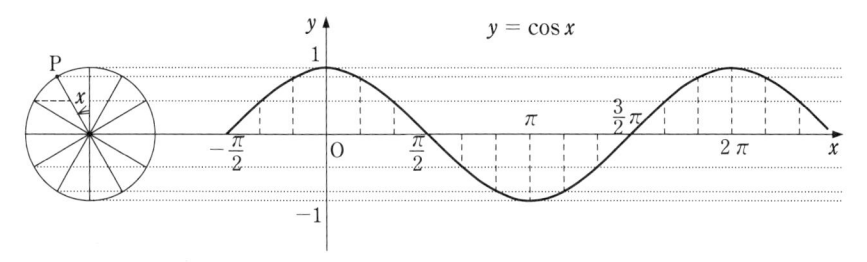

上でわかるように，三角関数のグラフは，同じ変化を繰り返している．このことを式で表すと次のようになる．

$$\sin(x+2\pi) = \sin x, \quad \cos(x+2\pi) = \cos x, \quad \tan(x+\pi) = \tan x$$

一般に，関数 $f(x)$ が 0 でない定数 p に対して，つねに

$$f(x+p) = f(x)$$

をみたすとき，関数 $f(x)$ は，p を**周期**とする**周期関数**であるという．このとき，$2p$, $3p$, $-p$, $-2p$ なども周期であるが，それらのうちで，正で最小のものを**基本周期**という．普通，基本周期のことを単に周期という．この意味で，

$\sin x$, $\cos x$ は 2π を周期とする周期関数であり，
$\tan x$ は π を周期とする周期関数である．

問 8 次の関数のグラフをかけ．
（1） $y = 2\sin x$ （2） $y = \sin\left(x + \dfrac{\pi}{4}\right)$ （3） $y = \cos 2x$

6．加法定理

2つの角の和または差の三角関数を，各々の角の三角関数で表すことを考えよう．正弦，余弦については，次の等式が成り立ち，これらを正弦，余弦に関する**加法定理**という．

●**正弦，余弦の加法定理**

（7） $\begin{cases} \sin(\alpha+\beta) = \sin\alpha\cos\beta + \cos\alpha\sin\beta \\ \sin(\alpha-\beta) = \sin\alpha\cos\beta - \cos\alpha\sin\beta \end{cases}$

（8） $\begin{cases} \cos(\alpha+\beta) = \cos\alpha\cos\beta - \sin\alpha\sin\beta \\ \cos(\alpha-\beta) = \cos\alpha\cos\beta + \sin\alpha\sin\beta \end{cases}$

証明 最初に，(8) の第2式の証明について考える．

次ページの左図において，角 α, β の定める動径を，それぞれ OA, OB とすると，A, B の座標は A($\cos\alpha, \sin\alpha$)，B($\cos\beta, \sin\beta$) であるから，

$$AB^2 = (\cos\beta - \cos\alpha)^2 + (\sin\beta - \sin\alpha)^2$$
$$= 2 - 2(\cos\alpha\cos\beta + \sin\alpha\sin\beta)$$

次ページの右図において，角 $\alpha-\beta$ の定める動径を OC とすると，C の座標は C($\cos(\alpha-\beta), \sin(\alpha-\beta)$) である．X(1,0) とすると

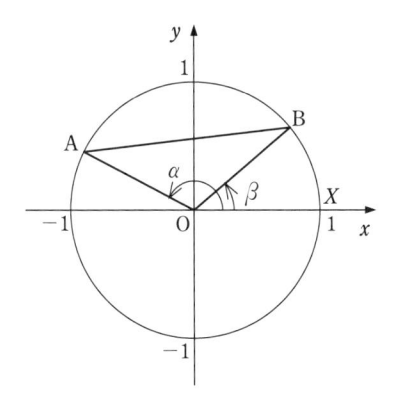

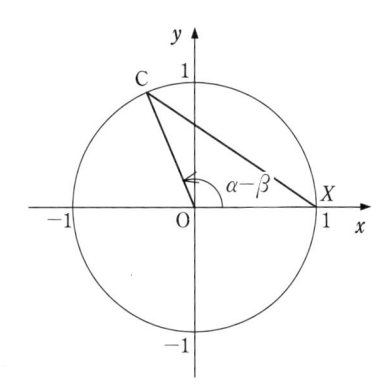

$$CX^2 = \{1-\cos(\alpha-\beta)\}^2 + \{0-\sin(\alpha-\beta)\}^2$$
$$= 2-2\cos(\alpha-\beta)$$

上の左図において，OB を始線と考えれば，動径 OA とのなす角は $\alpha-\beta$ であるから，AB = CX である．以上より

$$2-2(\cos\alpha\cos\beta+\sin\alpha\sin\beta) = 2-2\cos(\alpha-\beta)$$

すなわち

$$\cos(\alpha-\beta) = \cos\alpha\cos\beta+\sin\alpha\sin\beta \cdots\cdots ①$$

となり，(8) の第 2 式が証明された．

ここで，① の両辺において β を $-\beta$ で置き換えると，
$(\cos(-\beta) = \cos\beta,\ \sin(-\beta) = -\sin\beta$ に注意)

$$\cos(\alpha+\beta) = \cos\alpha\cos\beta-\sin\alpha\sin\beta \cdots\cdots ②$$

となり，(8) の第 1 式が導かれる．

さらに，② の両辺において β を $\beta+\dfrac{\pi}{2}$ で置き換えると，

$$\cos\left(\alpha+\beta+\dfrac{\pi}{2}\right) = -\sin(\alpha+\beta)$$

$$\cos\left(\beta+\dfrac{\pi}{2}\right) = -\sin\beta, \quad \sin\left(\beta+\dfrac{\pi}{2}\right) = \cos\beta$$

であることより（4節公式 (6) 参照）

$$\sin(\alpha+\beta) = \sin\alpha\cos\beta+\cos\alpha\sin\beta \cdots\cdots ③$$

となり，(7) の第 1 式が導かれる．

最後に，③の両辺において β を $-\beta$ で置き換えると，
($\cos(-\beta) = \cos\beta$, $\sin(-\beta) = -\sin\beta$ に注意)
$$\sin(\alpha-\beta) = \sin\alpha\cos\beta - \cos\alpha\sin\beta$$
となり，(7) の第 2 式が導かれる．

加法定理を用いて，いろいろな計算を実行してみよう．

例1　$\sin 75° = \sin(45° + 30°)$
$$= \sin 45°\cos 30° + \cos 45°\sin 30°$$
$$= \frac{1}{\sqrt{2}} \cdot \frac{\sqrt{3}}{2} + \frac{1}{\sqrt{2}} \cdot \frac{1}{2} = \frac{\sqrt{6}+\sqrt{2}}{4}$$

例題 3　α, β が第 1 象限の角で，$\sin\alpha = \frac{3}{4}$, $\sin\beta = \frac{2}{3}$ のとき，$\sin(\alpha+\beta)$, $\cos(\alpha+\beta)$ の値を求めよ．

解　α, β は第 1 象限の角であるから，$\cos\alpha > 0$, $\cos\beta > 0$．したがって，$\sin^2\theta + \cos^2\theta = 1$ から
$$\cos\alpha = \sqrt{1-\sin^2\alpha} = \sqrt{1-\left(\frac{3}{4}\right)^2} = \frac{\sqrt{7}}{4}$$
$$\cos\beta = \sqrt{1-\sin^2\beta} = \sqrt{1-\left(\frac{2}{3}\right)^2} = \frac{\sqrt{5}}{3}$$

したがって，加法定理により
$$\sin(\alpha+\beta) = \sin\alpha\cos\beta + \cos\alpha\sin\beta = \frac{3}{4} \cdot \frac{\sqrt{5}}{3} + \frac{2}{3} \cdot \frac{\sqrt{7}}{4}$$
$$= \frac{3\sqrt{5}+2\sqrt{7}}{12}$$
$$\cos(\alpha+\beta) = \cos\alpha\cos\beta - \sin\alpha\sin\beta = \frac{\sqrt{7}}{4} \cdot \frac{\sqrt{5}}{3} - \frac{3}{4} \cdot \frac{2}{3}$$
$$= \frac{\sqrt{35}-6}{12}$$

問 9　次の値を求めよ．
（1）$\cos 75°$　　（2）$\sin 105°$　　（3）$\sin 15°$

問 10 （1） α, β が第1象限の角で，$\sin\alpha = \dfrac{\sqrt{3}}{3}$，$\sin\beta = \dfrac{1}{3}$ のとき，$\sin(\alpha+\beta)$，$\sin(\alpha-\beta)$ の値を求めよ．

（2） $0 < \alpha < \dfrac{\pi}{2}$，$0 < \beta < \dfrac{\pi}{2}$，$\sin\alpha = \dfrac{\sqrt{10}}{4}$，$\cos\beta = \dfrac{2}{3}$ のとき，$\cos(\alpha+\beta)$，$\cos(\alpha-\beta)$ の値を求めよ．

（3） $\dfrac{\pi}{2} < \alpha < \pi$，$\dfrac{\pi}{2} < \beta < \pi$，$\sin\alpha = \dfrac{3}{4}$，$\sin\beta = \dfrac{\sqrt{2}}{4}$ のとき，$\sin(\alpha+\beta)$，$\cos(\alpha+\beta)$ の値を求めよ．

（4） $\pi < \alpha < \dfrac{3}{2}\pi$，$\dfrac{\pi}{2} < \beta < \pi$，$\sin\alpha = -\dfrac{\sqrt{5}}{3}$，$\cos\beta = -\dfrac{\sqrt{6}}{3}$ のとき，$\sin(\alpha+\beta)$，$\cos(\alpha+\beta)$，$\sin(\alpha-\beta)$，$\cos(\alpha-\beta)$ の値を求めよ．

正接に関する加法定理は，次のとおりである．

● 正接の加法定理

（9）
$$\begin{cases} \tan(\alpha+\beta) = \dfrac{\tan\alpha + \tan\beta}{1 - \tan\alpha \tan\beta} \\ \tan(\alpha-\beta) = \dfrac{\tan\alpha - \tan\beta}{1 + \tan\alpha \tan\beta} \end{cases}$$

証明 $\tan(\alpha+\beta) = \dfrac{\sin(\alpha+\beta)}{\cos(\alpha+\beta)} = \dfrac{\sin\alpha\cos\beta + \cos\alpha\sin\beta}{\cos\alpha\cos\beta - \sin\alpha\sin\beta}$

右辺の分母，分子を $\cos\alpha\cos\beta$ で割ると，第1式が得られる．

さらに，第1式の両辺において β を $-\beta$ で置き換えると，$\tan(-\beta) = -\tan\beta$ により，第2式が得られる． ■

例2 $\tan 75° = \tan(45° + 30°)$

$$= \dfrac{\tan 45° + \tan 30°}{1 - \tan 45° \tan 30°} = \dfrac{1 + \dfrac{1}{\sqrt{3}}}{1 - 1 \cdot \dfrac{1}{\sqrt{3}}} = \dfrac{\sqrt{3} + 1}{\sqrt{3} - 1}$$

$$= \dfrac{(\sqrt{3} + 1)^2}{3 - 1} = 2 + \sqrt{3}$$

問 11 $\tan 15°$ の値を求めよ．

問 12 （1）$\tan \alpha = \dfrac{1}{3}$, $\tan \beta = \dfrac{3}{2}$ のとき，$\tan(\alpha+\beta)$, $\tan(\alpha-\beta)$ の値を求めよ．

（2）$\dfrac{\pi}{2} < \alpha < \pi$, $\sin \alpha = \dfrac{1}{\sqrt{5}}$, $\tan \beta = \dfrac{4}{5}$ のとき，$\tan(\alpha+\beta)$, $\tan(\alpha-\beta)$ の値を求めよ．

問 13 α, β が鋭角で，$\tan \alpha = 2$, $\tan \beta = 3$ のとき，$\tan(\alpha+\beta)$ および $\alpha+\beta$ の値を求めよ．

7．倍角の公式

加法定理より

$$\sin 2\alpha = \sin(\alpha+\alpha) = \sin \alpha \cos \alpha + \cos \alpha \sin \alpha = 2 \sin \alpha \cos \alpha$$

$$\cos 2\alpha = \cos(\alpha+\alpha) = \cos \alpha \cos \alpha - \sin \alpha \sin \alpha = \cos^2 \alpha - \sin^2 \alpha$$

$$\tan 2\alpha = \tan(\alpha+\alpha) = \frac{\tan \alpha + \tan \alpha}{1 - \tan \alpha \tan \alpha} = \frac{2 \tan \alpha}{1 - \tan^2 \alpha}$$

ここで，$\cos^2 \alpha - \sin^2 \alpha = (1 - \sin^2 \alpha) - \sin^2 \alpha = 1 - 2 \sin^2 \alpha$

$$\cos^2 \alpha - \sin^2 \alpha = \cos^2 \alpha - (1 - \cos^2 \alpha) = 2 \cos^2 \alpha - 1$$

したがって，次の**倍角の公式**が得られた．

●倍角の公式

$$\sin 2\alpha = 2 \sin \alpha \cos \alpha$$

$$\cos 2\alpha = \cos^2 \alpha - \sin^2 \alpha = \begin{cases} 1 - 2 \sin^2 \alpha \\ 2 \cos^2 \alpha - 1 \end{cases}$$

$$\tan 2\alpha = \frac{2 \tan \alpha}{1 - \tan^2 \alpha}$$

問 14 （1）$\cos \alpha = \dfrac{2}{3}$, $\sin \beta = -\dfrac{\sqrt{7}}{4}$ のとき，$\cos 2\alpha$, $\cos 2\beta$ の値を求めよ．

（2）$\tan \alpha = \dfrac{1}{3}$ のとき，$\tan 2\alpha$ の値を求めよ．

問 15 （1）$0 < \alpha < \dfrac{\pi}{2}$, $\cos \alpha = \dfrac{3}{4}$ のとき，$\sin 2\alpha$ の値を求めよ．

（2）$\dfrac{\pi}{2} < \alpha < \pi$, $\sin \alpha = \dfrac{3}{5}$ のとき，$\sin 2\alpha$, $\tan 2\alpha$ の値を求めよ．

問 16 $3\alpha = 2\alpha + \alpha$ に注意して，次の等式を導け．

$$\sin 3\alpha = 3 \sin \alpha - 4 \sin^3 \alpha, \quad \cos 3\alpha = 4 \cos^3 \alpha - 3 \cos \alpha$$

倍角の公式の第2式より

$$\sin^2 \alpha = \frac{1-\cos 2\alpha}{2}, \quad \cos^2 \alpha = \frac{1+\cos 2\alpha}{2}$$

ここで，α を $\frac{\alpha}{2}$ で置き換えると，次の公式（半角の公式）が得られる．

$$\sin^2 \frac{\alpha}{2} = \frac{1-\cos \alpha}{2}, \quad \cos^2 \frac{\alpha}{2} = \frac{1+\cos \alpha}{2}$$

問 17 $\sin 22.5°$，$\cos 22.5°$ の値を求めよ．

8．三角関数の合成

加法定理を使って，$a \sin \theta + b \cos \theta$ の形の式を

$$r \sin (\theta + \alpha) \quad （ただし \quad r > 0）$$

の形の式に変形することを考えよう．

下図のように，座標が (a, b) である点 P をとり，OP と x 軸の正の部分とのなす角を α とする．

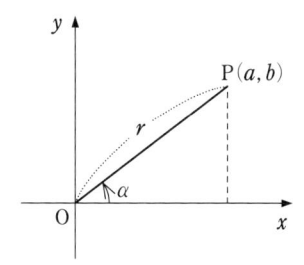

$r = \sqrt{a^2 + b^2}$ とおくと，

$$\frac{a}{r} = \cos \alpha, \quad \frac{b}{r} = \sin \alpha$$

すなわち，$a = r \cos \alpha$，$b = r \sin \alpha$ である．したがって

$$\begin{aligned} a \sin \theta + b \cos \theta &= r \cos \alpha \sin \theta + r \sin \alpha \cos \theta \\ &= r(\sin \theta \cos \alpha + \cos \theta \sin \alpha) \\ &= \sqrt{a^2 + b^2} \sin (\theta + \alpha) \end{aligned}$$

このような変形を**三角関数の合成**という．

> **●三角関数の合成**
>
> $\cos\alpha = \dfrac{a}{\sqrt{a^2+b^2}}$, $\sin\alpha = \dfrac{b}{\sqrt{a^2+b^2}}$ のとき,
>
> $$a\sin\theta + b\cos\theta = \sqrt{a^2+b^2}\sin(\theta+\alpha)$$

例題 4 $\sin\theta + \sqrt{3}\cos\theta$ を $r\sin(\theta+\alpha)$ $(r>0)$ の形に変形せよ．

解 $a=1$, $b=\sqrt{3}$ とおくと,

$$\sqrt{a^2+b^2} = \sqrt{4} = 2, \quad \frac{a}{\sqrt{a^2+b^2}} = \frac{1}{2}, \quad \frac{b}{\sqrt{a^2+b^2}} = \frac{\sqrt{3}}{2}$$

ここで, $\alpha = \dfrac{\pi}{3}$ のとき,

$$\cos\alpha = \frac{1}{2}, \quad \sin\alpha = \frac{\sqrt{3}}{2}$$

であることに注意すれば

$$\sin\theta + \sqrt{3}\cos\theta = 2\sin\left(\theta + \frac{\pi}{3}\right)$$

■

問 18 次の式を $r\sin(\theta+\alpha)$ $(r>0)$ の形に変形せよ．
 （1） $\sin\theta + \cos\theta$　　　　（2） $\sqrt{3}\sin\theta + \cos\theta$
 （3） $\sqrt{2}\sin\theta + \sqrt{6}\cos\theta$　　（4） $\sin\theta - \cos\theta$
 （5） $\sqrt{6}\sin\theta - \sqrt{2}\cos\theta$

問 19 $0 \leqq \theta \leqq 2\pi$ のとき, $\sin\theta + \cos\theta = 1$ をみたす θ の値を求めよ．

問 20 $0 \leqq x \leqq 2\pi$ のとき, 関数 $f(x) = 3\sin x - \sqrt{3}\cos x$ の最大値, 最小値を求めよ．

9. 和と積の公式

正弦の加法定理の 2 式

$$\sin(\alpha+\beta) = \sin\alpha\cos\beta + \cos\alpha\sin\beta$$

$$\sin(\alpha-\beta) = \sin\alpha\cos\beta - \cos\alpha\sin\beta$$

の和および差を考えることにより, 次の式が得られる．

$$\sin(\alpha+\beta) + \sin(\alpha-\beta) = 2\sin\alpha\cos\beta \cdots\cdots ①$$

$$\sin(\alpha+\beta) - \sin(\alpha-\beta) = 2\cos\alpha\sin\beta \cdots\cdots ②$$

同様に，余弦の加法定理の 2 式
$$\cos(\alpha+\beta) = \cos\alpha\cos\beta - \sin\alpha\sin\beta$$
$$\cos(\alpha-\beta) = \cos\alpha\cos\beta + \sin\alpha\sin\beta$$
の和および差を考えることにより，次の式が得られる．
$$\cos(\alpha+\beta) + \cos(\alpha-\beta) = 2\cos\alpha\cos\beta \cdots\cdots ③$$
$$\cos(\alpha+\beta) - \cos(\alpha-\beta) = -2\sin\alpha\sin\beta \cdots\cdots ④$$
このとき，①,③,④ から，直ちに次の公式が得られる．

●積を和，差に変形する公式

$$\sin\alpha\cos\beta = \frac{1}{2}\{\sin(\alpha+\beta) + \sin(\alpha-\beta)\}$$

$$\cos\alpha\cos\beta = \frac{1}{2}\{\cos(\alpha+\beta) + \cos(\alpha-\beta)\}$$

$$\sin\alpha\sin\beta = -\frac{1}{2}\{\cos(\alpha+\beta) - \cos(\alpha-\beta)\}$$

また，$\alpha+\beta = A$, $\alpha-\beta = B$ とおくと，
$$\alpha = \frac{A+B}{2}, \quad \beta = \frac{A-B}{2}$$
これらを等式 ①, ②, ③, ④ に代入すると，直ちに次の公式が得られる．

●和，差を積に変形する公式

$$\sin A + \sin B = 2\sin\frac{A+B}{2}\cos\frac{A-B}{2}$$

$$\sin A - \sin B = 2\cos\frac{A+B}{2}\sin\frac{A-B}{2}$$

$$\cos A + \cos B = 2\cos\frac{A+B}{2}\cos\frac{A-B}{2}$$

$$\cos A - \cos B = -2\sin\frac{A+B}{2}\sin\frac{A-B}{2}$$

問の答とヒント

問 1 省略

問 2

度数	0°	30°	45°	60°	90°	120°	180°	225°	270°	360°
弧度	0	$\dfrac{\pi}{6}$	$\dfrac{\pi}{4}$	$\dfrac{\pi}{3}$	$\dfrac{\pi}{2}$	$\dfrac{2}{3}\pi$	π	$\dfrac{5}{4}\pi$	$\dfrac{3}{2}\pi$	2π

問 3 (1) $\dfrac{1}{2}, \dfrac{\sqrt{3}}{2}, \dfrac{1}{\sqrt{3}}$ (2) $\dfrac{1}{\sqrt{2}}, -\dfrac{1}{\sqrt{2}}, -1$

(3) $-\dfrac{\sqrt{3}}{2}, -\dfrac{1}{2}, \sqrt{3}$ (4) $-\dfrac{\sqrt{3}}{2}, \dfrac{1}{2}, -\sqrt{3}$

(5) $\dfrac{1}{2}, -\dfrac{\sqrt{3}}{2}, -\dfrac{1}{\sqrt{3}}$

問 4

象限	1	2	3	4
$\sin\theta$	+	+	−	−
$\cos\theta$	+	−	−	+
$\tan\theta$	+	−	+	−

問 5 (1) $\cos\theta = \dfrac{\sqrt{7}}{4}$ (θ は第 1 象限の角なので,$\cos\theta > 0$)

(2) $\sin\theta = -\dfrac{2\sqrt{2}}{3}$ (θ は第 4 象限の角なので,$\sin\theta < 0$)

(3) $\cos\theta = -\dfrac{3}{4}, \tan\theta = -\dfrac{\sqrt{7}}{3}$ (θ は第 2 象限の角なので,$\cos\theta < 0$)

(4) $\sin\theta = -\dfrac{4}{5}, \tan\theta = \dfrac{4}{3}$ (θ は第 3 象限の角なので,$\sin\theta < 0$)

問 6 (1) $\cos\theta = \dfrac{1}{\sqrt{5}}, \sin\theta = \dfrac{2}{\sqrt{5}}$ ($\tan\theta = 2$ より,$\sin\theta = 2\cos\theta$)

(2) $\cos\theta = -\dfrac{1}{\sqrt{10}}, \sin\theta = \dfrac{3}{\sqrt{10}}$ ($\sin\theta = -3\cos\theta, \cos\theta < 0$)

問 7 $\tan^2\theta + 1 = \dfrac{\sin^2\theta}{\cos^2\theta} + 1 = \dfrac{\sin^2\theta + \cos^2\theta}{\cos^2\theta} = \dfrac{1}{\cos^2\theta}$

問 8 省略

問 9 (1) $\cos 75° = \cos(45° + 30°) = \dfrac{\sqrt{6}-\sqrt{2}}{4}$

(2) $\sin 105° = \sin(60° + 45°) = \dfrac{\sqrt{6}+\sqrt{2}}{4}$

（3） $\sin 15° = \sin(45°-30°) = \dfrac{\sqrt{6}-\sqrt{2}}{4}$

問 10 （1） $\sin(\alpha+\beta) = \dfrac{\sqrt{3}}{3}\cdot\dfrac{2\sqrt{2}}{3}+\dfrac{\sqrt{6}}{3}\cdot\dfrac{1}{3} = \dfrac{\sqrt{6}}{3}$

$\sin(\alpha-\beta) = \dfrac{\sqrt{3}}{3}\cdot\dfrac{2\sqrt{2}}{3}-\dfrac{\sqrt{6}}{3}\cdot\dfrac{1}{3} = \dfrac{\sqrt{6}}{9}$

$\left(\cos\alpha = \dfrac{\sqrt{6}}{3},\ \cos\beta = \dfrac{2\sqrt{2}}{3}\right)$

（2） $\cos(\alpha+\beta) = \dfrac{\sqrt{6}}{4}\cdot\dfrac{2}{3}-\dfrac{\sqrt{10}}{4}\cdot\dfrac{\sqrt{5}}{3} = \dfrac{2\sqrt{6}-5\sqrt{2}}{12}$

$\cos(\alpha-\beta) = \dfrac{\sqrt{6}}{4}\cdot\dfrac{2}{3}+\dfrac{\sqrt{10}}{4}\cdot\dfrac{\sqrt{5}}{3} = \dfrac{2\sqrt{6}+5\sqrt{2}}{12}$

$\left(\cos\alpha = \dfrac{\sqrt{6}}{4},\ \sin\beta = \dfrac{\sqrt{5}}{3}\right)$

（3） $\sin(\alpha+\beta) = \dfrac{3}{4}\cdot\left(-\dfrac{\sqrt{14}}{4}\right)+\left(-\dfrac{\sqrt{7}}{4}\right)\cdot\dfrac{\sqrt{2}}{4} = -\dfrac{\sqrt{14}}{4}$

$\cos(\alpha+\beta) = \left(-\dfrac{\sqrt{7}}{4}\right)\cdot\left(-\dfrac{\sqrt{14}}{4}\right)-\dfrac{3}{4}\cdot\dfrac{\sqrt{2}}{4} = \dfrac{\sqrt{2}}{4}$

$\left(\cos\alpha = -\dfrac{\sqrt{7}}{4},\ \cos\beta = -\dfrac{\sqrt{14}}{4}\right)$

（4） $\sin(\alpha+\beta) = \left(-\dfrac{\sqrt{5}}{3}\right)\cdot\left(-\dfrac{\sqrt{6}}{3}\right)+\left(-\dfrac{2}{3}\right)\cdot\dfrac{\sqrt{3}}{3} = \dfrac{\sqrt{30}-2\sqrt{3}}{9}$

$\cos(\alpha+\beta) = \left(-\dfrac{2}{3}\right)\cdot\left(-\dfrac{\sqrt{6}}{3}\right)-\left(-\dfrac{\sqrt{5}}{3}\right)\cdot\dfrac{\sqrt{3}}{3} = \dfrac{2\sqrt{6}+\sqrt{15}}{9}$

$\sin(\alpha-\beta) = \left(-\dfrac{\sqrt{5}}{3}\right)\cdot\left(-\dfrac{\sqrt{6}}{3}\right)-\left(-\dfrac{2}{3}\right)\cdot\dfrac{\sqrt{3}}{3} = \dfrac{\sqrt{30}+2\sqrt{3}}{9}$

$\cos(\alpha-\beta) = \left(-\dfrac{2}{3}\right)\cdot\left(-\dfrac{\sqrt{6}}{3}\right)+\left(-\dfrac{\sqrt{5}}{3}\right)\cdot\dfrac{\sqrt{3}}{3} = \dfrac{2\sqrt{6}-\sqrt{15}}{9}$

$\left(\cos\alpha = -\dfrac{2}{3},\ \sin\beta = \dfrac{\sqrt{3}}{3}\right)$

問 11 $\tan 15° = \tan(45°-30°) = \dfrac{\sqrt{3}-1}{\sqrt{3}+1} = 2-\sqrt{3}$

問 12 （1） $\tan(\alpha+\beta) = \dfrac{11}{3},\ \tan(\alpha-\beta) = -\dfrac{7}{9}$

（2） $\tan(\alpha+\beta) = \dfrac{3}{14},\ \tan(\alpha-\beta) = -\dfrac{13}{6}$

$\left(\cos\alpha = -\dfrac{2}{\sqrt{5}},\ \tan\alpha = -\dfrac{1}{2}\right)$

問 13 $\tan(\alpha+\beta) = -1$, $\alpha+\beta\,(=135°) = \dfrac{3}{4}\pi$

($0 < \alpha+\beta < \pi$ に注意)

問 14 （1） $\cos 2\alpha = 2\cos^2\alpha - 1 = -\dfrac{1}{9}$, $\cos 2\beta = 1 - 2\sin^2\beta = \dfrac{1}{8}$

（2） $\tan 2\alpha = \dfrac{3}{4}$

問 15 （1） $\sin 2\alpha = 2\sin\alpha\cos\alpha = \dfrac{3\sqrt{7}}{8}$ $\left(\sin\alpha = \dfrac{\sqrt{7}}{4}\right)$

（2） $\sin 2\alpha = 2\sin\alpha\cos\alpha = -\dfrac{24}{25}$ $\left(\cos\alpha = -\dfrac{4}{5}\right)$

$\tan 2\alpha = \dfrac{2\cdot(-3/4)}{1-(-3/4)^2} = -\dfrac{24}{7}$ $\left(\tan\alpha = -\dfrac{3}{4}\right)$

問 16 $\sin 3\alpha = \sin(2\alpha+\alpha) = \sin 2\alpha\cos\alpha + \cos 2\alpha\sin\alpha$
$\qquad = 2\sin\alpha\cos^2\alpha + (1-2\sin^2\alpha)\sin\alpha$
$\qquad = 2\sin\alpha(1-\sin^2\alpha) + \sin\alpha - 2\sin^3\alpha = 3\sin\alpha - 4\sin^3\alpha$

$\cos 3\alpha = \cos(2\alpha+\alpha) = \cos 2\alpha\cos\alpha - \sin 2\alpha\sin\alpha$
$\qquad = (2\cos^2\alpha - 1)\cos\alpha - 2\sin^2\alpha\cos\alpha$
$\qquad = 2\cos^3\alpha - \cos\alpha - 2(1-\cos^2\alpha)\cos\alpha = 4\cos^3\alpha - 3\cos\alpha$

問 17 $\sin 22.5° = \sin\dfrac{45°}{2} = \sqrt{\dfrac{1-1/\sqrt{2}}{2}} = \dfrac{\sqrt{2-\sqrt{2}}}{2}$,

$\cos 22.5° = \cos\dfrac{45°}{2} = \sqrt{\dfrac{1+1/\sqrt{2}}{2}} = \dfrac{\sqrt{2+\sqrt{2}}}{2}$

問 18 （1） $\sqrt{2}\sin\left(\theta+\dfrac{\pi}{4}\right)$ （2） $2\sin\left(\theta+\dfrac{\pi}{6}\right)$

（3） $2\sqrt{2}\sin\left(\theta+\dfrac{\pi}{3}\right)$ （4） $\sqrt{2}\sin\left(\theta-\dfrac{\pi}{4}\right)$

（5） $2\sqrt{2}\sin\left(\theta-\dfrac{\pi}{6}\right)$

問 19 $\left(\text{ヒント}:\sin\theta+\cos\theta = \sqrt{2}\sin\left(\theta+\dfrac{\pi}{4}\right) \text{と変形する.}\right)$

$\theta = 0, \dfrac{\pi}{2}, 2\pi$

問 20 $\left(\text{ヒント}: f(x) = 2\sqrt{3}\sin\left(x-\dfrac{\pi}{6}\right) \text{と変形する.}\right)$

最大値 $2\sqrt{3}$, 最小値 $-2\sqrt{3}$

5

指 数 関 数

1. 累乗と指数法則

$a = a^1, a \times a = a^2, a \times a \times a = a^3, \cdots$ のように，a の n 個の積を a^n と表し，a の n 乗と読む．またこのとき，n を a^n の**指数**という．$a, a^2, a^3, \cdots$ をまとめて a の**累乗**といい，特に a^2 を a の平方，a^3 を a の立方ともいう．累乗の計算について考えてみよう．

$$a^2 \times a^3 = (a \times a) \times (a \times a \times a) = a^5 = a^{2+3}$$

$$(a^2)^3 = a^2 \times a^2 \times a^2 = (a \times a) \times (a \times a) \times (a \times a) = a^6 = a^{2 \times 3}$$

$$(ab)^3 = (a \times b) \times (a \times b) \times (a \times b) = (a \times a \times a) \times (b \times b \times b) = a^3 b^3$$

$$a^5 \div a^2 = \frac{a^5}{a^2} = a^3 = a^{5-2}, \quad a^3 \div a^5 = \frac{a^3}{a^5} = \frac{1}{a^2} = \frac{1}{a^{5-3}}$$

一般に m, n が正の整数のとき，次の計算法則が成り立つ．

> I． $a^m \times a^n = a^{m+n}$
>
> II． $(a^m)^n = a^{mn}$
>
> III． $(ab)^n = a^n b^n$
>
> IV． $a^m \div a^n = \begin{cases} a^{m-n} & (m > n \text{ の場合}) \\ 1 & (m = n \text{ の場合}) \\ \dfrac{1}{a^{n-m}} & (m < n \text{ の場合}) \end{cases}$

これらを**指数法則**という．

上の指数法則をもとにして，指数を 0 や負の整数にも拡張しよう．指数法則 I が $m = 0$ のときにも成り立つとすると

$$a^0 \times a^n = a^{0+n} = a^n \text{ だから, } a^0 = \frac{a^n}{a^n} = 1$$

また，指数法則 I が $m = -n$ のときにも成り立つとすると，

$$a^{-n} \times a^n = a^{-n+n} = a^0 = 1 \text{ だから, } a^{-n} = \frac{1}{a^n}$$

このことから，0 や負の整数の指数を，次のように定める．

> $a \ne 0$ で，n が正の整数のとき，
> $$a^0 = 1, \quad a^{-n} = \frac{1}{a^n}$$

問 1 上の定義にしたがって，次の値を求めよ．
 (1) 10^0 (2) 10^{-2} (3) 5^{-1} (4) 2^{-3}

0 や負の整数の指数を上のように定めると，指数法則 IV は，

$m = n$ のとき，$a^m \div a^n = a^n \div a^n = 1 = a^0 = a^{m-n}$

$m < n$ のとき，$a^m \div a^n = \dfrac{1}{a^{n-m}} = a^{-(n-m)} = a^{m-n}$

だから，$m > n$ の場合も含めて，次の式にまとめることができる．

> IV′.　$a^m \div a^n = a^{m-n}$

また，指数法則 I, II, III も m, n が 0 や負の整数の場合にも成り立つことが確かめられる．

問 2 次の m, n について指数法則 I, II, III, IV′ が成り立つことを確かめよ．
 (1) $m = 3, \ n = -2$ (2) $m = -3, \ n = 2$

問 3 指数法則 II, III および負の指数の定義より次の公式を導け（これも指数法則に入れることもある）．

> V.　$\left(\dfrac{a}{b}\right)^n = \dfrac{a^n}{b^n}$

2. 累乗根と指数法則

2 乗すると 3 になるような数が 3 の平方根で，それは $\sqrt{3}$, $-\sqrt{3}$ の 2 つである．一般に，n が 2 以上の整数のとき，n 乗して a になる数，つまり $x^n =$

a をみたす x の値を a の n 乗根といい，a の 2 乗根（平方根），3 乗根（立方根），4 乗根，… をまとめて，a の**累乗根**という．

実数の範囲では，

$\quad 2^3 = 8$ だから，8 の 3 乗根は 2，

$\quad (-2)^3 = -8$ だから，-8 の 3 乗根は -2，

$\quad 2^4 = 16$，$(-2)^4 = 16$ だから，16 の 4 乗根は 2 と -2，

$\quad$ 4 乗して -16 になる実数はないから，-16 の 4 乗根はない．

このように，実数の範囲で考えて一般に次のことが成り立つ．

> n が奇数のとき：a の正負によらず，a の n 乗根は 1 つある．これを $\sqrt[n]{a}$ とかく．
>
> n が偶数のとき：a が正のとき，a の n 乗根は正，負 1 つずつあり，その正の方を $\sqrt[n]{a}$ とかく．a が負のとき，a の n 乗根は存在しない．

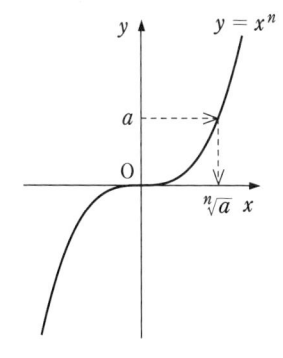

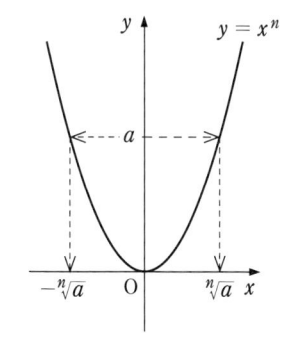

n が奇数のとき　　　　　n が偶数のとき

問 4 次の値を求めよ．
（1）$\sqrt[3]{27}$　　（2）$\sqrt[4]{-81}$　　（3）$\sqrt[4]{0.0016}$

累乗根について，次のことが成り立つ．

> $a > 0$，$b > 0$ のとき，
>
> $\sqrt[n]{a}\,\sqrt[n]{b} = \sqrt[n]{ab}, \quad \dfrac{\sqrt[n]{a}}{\sqrt[n]{b}} = \sqrt[n]{\dfrac{a}{b}}, \quad \sqrt[n]{a^m} = (\sqrt[n]{a})^m, \quad \sqrt[m]{\sqrt[n]{a}} = \sqrt[mn]{a}$

2．累乗根と指数法則

例1 $\sqrt[4]{2}\sqrt[4]{8} = \sqrt[4]{16} = 2$, $\sqrt[6]{64} = \sqrt[3]{\sqrt{64}} = \sqrt[3]{8} = 2$

問5 次の値を求めよ．
(1) $\sqrt[3]{4}\sqrt[3]{2}$　　(2) $\dfrac{\sqrt[3]{54}}{\sqrt[3]{2}}$　　(3) $\sqrt[3]{8^5}$　　(4) $\sqrt[5]{\sqrt{2^{10}}}$

指数を自然数から整数に拡張するときには，$a^m \times a^n = a^{m+n}$ がどんな整数 m, n でも成り立つように考えて，次のように定めた．

$$a \neq 0 \text{ のとき}, \quad a^0 = 1, \quad a^{-n} = \frac{1}{a^n}$$

さらに，$a > 0$ のとき，a^n の指数 n を分数に拡張しよう．$(a^m)^n = a^{mn}$ が，m, n が分数のときにも成り立つとすると，たとえば，

$$m = \frac{4}{3}, \; n = 3 \text{ のとき}, \; (a^{\frac{4}{3}})^3 = a^{\frac{4}{3} \times 3} = a^4$$

となるから，$a^{\frac{4}{3}}$ は a^4 の 3 乗根とすればよい．すなわち，
$$a^{\frac{4}{3}} = \sqrt[3]{a^4}$$
$\sqrt[n]{a^m} = (\sqrt[n]{a})^m$ だから，$a^{\frac{4}{3}} = (\sqrt[3]{a})^4$ と考えてもよい．
そこで，次のように定める．

$a > 0$ で，m が整数，n が 2 以上の整数のとき，
$$a^{\frac{m}{n}} = \sqrt[n]{a^m} = (\sqrt[n]{a})^m, \quad \text{とくに}, \quad a^{\frac{1}{n}} = \sqrt[n]{a}$$

例2 $9^{\frac{3}{2}} = (\sqrt{9})^3 = 3^3 = 27$, $16^{-\frac{1}{4}} = (\sqrt[4]{16})^{-1} = 2^{-1} = \dfrac{1}{2}$

問6 次の式を a^p の形に表せ．ただし，$a > 0$ とする．
(1) $\sqrt{a}$　　(2) $(\sqrt{a})^3$　　(3) $(\sqrt[3]{a})^2$　　(4) $\dfrac{1}{\sqrt{a}}$
(5) $\dfrac{1}{\sqrt[4]{a^3}}$

問7 次の式を $\sqrt[n]{a^m}$（m, n は互いに素な整数）の形に表せ．ただし $a > 0$ とする．
(1) $a^{\frac{1}{3}}$　　(2) $a^{0.2}$　　(3) $a^{-\frac{7}{3}}$　　(4) $a^{-0.6}$

有理数まで拡張された指数 p, q についても，次の指数法則が成り立つ．

- **指数法則**

$$a^p \times a^q = a^{p+q}, \qquad a^p \div a^q = a^{p-q}$$
$$(a^p)^q = a^{pq}, \qquad (ab)^p = a^p b^p$$

例3 $3^{\frac{1}{4}} \div 3^{-\frac{3}{4}} = 3^{\frac{1}{4}-\left(-\frac{3}{4}\right)} = 3^1 = 3$

$8^{\frac{1}{2}} \times 8^{-\frac{2}{3}} \times 8^{\frac{3}{2}} = 8^{\frac{1}{2}-\frac{2}{3}+\frac{3}{2}} = 8^{\frac{4}{3}} = (2^3)^{\frac{4}{3}} = 2^{3 \times \frac{4}{3}} = 2^4 = 16$

問 8 次の式を計算せよ．
（1） $a^{\frac{1}{2}} \times a^{\frac{3}{4}}$　　（2） $x^{\frac{1}{4}} \div x^{-\frac{2}{3}}$　　（3） $(a^{\frac{3}{2}} a^{-1})^4$

問 9 次の式を計算せよ．
（1） $a^{\frac{3}{2}} \times a^2 \div a^{\frac{1}{4}}$　　（2） $a^{-\frac{1}{3}} b^{-\frac{2}{3}} c^{-\frac{1}{2}} \times a^{\frac{4}{3}} b^{-\frac{1}{3}} c^{-\frac{3}{2}} \times abc$
（3） $(a^{\frac{1}{2}} + b^{\frac{1}{2}})(a^{\frac{1}{2}} - b^{\frac{1}{2}})$　　（4） $(x^{b-c})^a \times (x^{c-a})^b \times (x^{a-b})^c$

累乗根を含む式の計算も，分数の指数で表して計算する方がよい場合が多い．

例4 $(\sqrt{2^3} \div \sqrt[3]{2^4})^6 = (2^{\frac{3}{2}} \div 2^{\frac{4}{3}})^6 = (2^{\frac{3}{2}-\frac{4}{3}})^6 = 2^{\frac{1}{6} \times 6} = 2^1 = 2$

問 10 $a > 0$，$b > 0$ のとき，次の式を簡単にせよ．
（1） $\sqrt{a} \times \sqrt[3]{a} \div \sqrt[4]{a^3}$　　（2） $\sqrt[3]{ab^2} \div \sqrt[6]{a^5 b} \times \sqrt{ab}$

指数の範囲をさらに無理数にまで拡張するにはどうするとよいであろうか．たとえば，$a^{\sqrt{2}}$ を考えてみよう．$\sqrt{2}$ は無限小数 $1.41421\cdots$ で表される．そこで，有理数を指数とする数の列

$$a^1, a^{1.4}, a^{1.41}, a^{1.414}, a^{1.4142}, \cdots$$

を考えると，これらの値はある一定の値にかぎりなく近づいていくので，その値を $a^{\sqrt{2}}$ と定める．

このようにして，指数 p が無理数のときにも a^p が定められ，すべての実数に対して指数が拡張されたことになる．そして，p, q が実数のときも，上の指数法則が成り立つ．

3. 指 数 関 数

a を 1 でない正の定数とするとき，$y = a^x$ で表される関数を，a を底とする x の**指数関数**という．

指数関数 $y = 2^x$ の値を調べてみよう．まず，x が整数値をとるときの y の値を計算すると，次のようになる．

x	……	-4	-3	-2	-1	0	1	2	3	4	……
y	……	$\dfrac{1}{16}$	$\dfrac{1}{8}$	$\dfrac{1}{4}$	$\dfrac{1}{2}$	1	2	4	8	16	……

さらに，$x = \dfrac{1}{2}, \dfrac{1}{4}$ などに対する y の値も，次のように求まる．

$$2^{\frac{1}{2}} = \sqrt{2} = 1.4142\cdots, \quad 2^{\frac{1}{4}} = (2^{\frac{1}{2}})^{\frac{1}{2}} = \sqrt{1.4142\cdots} = 1.189\cdots$$

関数 $y = 2^x$ において，対応する x, y の値の組を座標とする点をとっていくと下図のような曲線になる．この曲線が関数 $y = 2^x$ のグラフである．

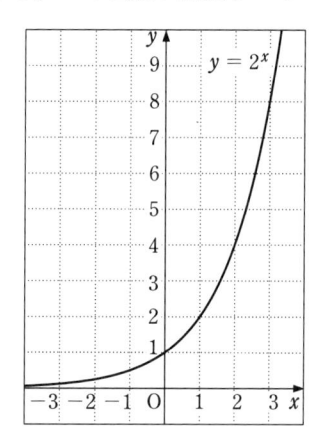

問 11 $-3 \leqq x \leqq 3$ の範囲の整数値で表をつくり，次の指数関数のグラフの概形をかけ．

（1） $y = 3^x$ （2） $y = \left(\dfrac{1}{2}\right)^x$ （3） $y = \left(\dfrac{1}{3}\right)^x$

関数 $y = \left(\dfrac{1}{2}\right)^x$ のグラフは次のように考えてかくこともできる．
$$\left(\dfrac{1}{2}\right)^x = \dfrac{1}{2^x} = 2^{-x}$$
であるから，$y = \left(\dfrac{1}{2}\right)^x$ のグラフは $y = 2^x$ のグラフと y 軸に関して対称で，右図のようになる．

一般に次のことが成り立つ．

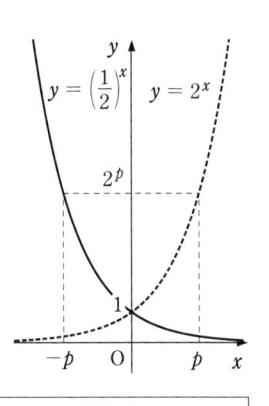

指数関数 $y = a^x$ $(a > 0,\ a \neq 1)$ について

Ⅰ．すべて実数 x に対して $a^x > 0$ である．すなわち，グラフはつねに x 軸の上側にある．

Ⅱ．グラフは点 $(0, 1)$ および点 $(1, a)$ を通る．

Ⅲ．グラフは，x 軸を漸近線とする．

Ⅳ．$a > 1$ のときは，単調増加関数である．すなわち，
$$p < q\ \text{ならば}\ a^p < a^q\ \text{である．}$$
$0 < a < 1$ のときは，単調減少関数である．すなわち，
$$p < q\ \text{ならば}\ a^p > a^q\ \text{である．}$$

問 12 次の不等式を解け．

（1） $5^{2x-3} < \dfrac{1}{25}$ （2） $\left(\dfrac{1}{2}\right)^x < 16$ （3） $4^x - 2^{x+1} < 0$

問 13 次の数を小さい方から順に並べよ．
$$(\sqrt{2})^3,\quad (0.5)^{\frac{1}{3}},\quad (0.5)^{-\frac{3}{4}},\quad \sqrt[3]{4},\quad \sqrt[5]{8}$$

問の答とヒント

問 1 （1） 1　（2） $\dfrac{1}{100}\,(= 0.01)$　（3） $\dfrac{1}{5}\,(= 0.2)$

（4） $\dfrac{1}{8}\,(= 0.125)$

問 2 （1） I ． $a^3 \times a^{-2} = a^3 \times \dfrac{1}{a^2} = a = a^{3+(-2)}$

II ． $(a^3)^{-2} = \dfrac{1}{(a^3)^2} = \dfrac{1}{a^6} = a^{-6} = a^{3\times(-2)}$

III ． $(ab)^{-2} = \dfrac{1}{(ab)^2} = \dfrac{1}{a^2 b^2} = \dfrac{1}{a^2} \times \dfrac{1}{b^2} = a^{-2}b^{-2}$

IV′． $a^3 \div a^{-2} = a^3 \div \dfrac{1}{a^2} = a^3 \times a^2 = a^{3+2} = a^{3-(-2)}$

（2） I，III，IV′ は略

II ． $(a^{-3})^2 = \left(\dfrac{1}{a^3}\right)^2 = \dfrac{1}{a^3} \times \dfrac{1}{a^3} = \dfrac{1}{(a^3)^2} = \dfrac{1}{a^6} = a^{-6} = a^{(-3)\times 2}$

問 3 左辺 $= \left(a \cdot \dfrac{1}{b}\right)^n = (ab^{-1})^n = a^n(b^{-1})^n = a^n b^{-n} = a^n \cdot \dfrac{1}{b^n} =$ 右辺

問 4 （1） 3 （2） 存在しない （3） 0.2
問 5 （1） 2 （2） 3 （3） 32 （4） 2
問 6 （1） $a^{\frac{1}{2}}$ （2） $a^{\frac{3}{2}}$ （3） $a^{\frac{2}{3}}$ （4） $a^{-\frac{1}{2}}$ （5） $a^{-\frac{3}{4}}$
問 7 （1） $\sqrt[3]{a}$ （2） $a^{0.2} = a^{\frac{1}{5}} = \sqrt[5]{a}$ （3） $a^{-\frac{7}{3}} = (a^{-7})^{\frac{1}{3}} = \sqrt[3]{a^{-7}}$
（4） $a^{-0.6} = a^{-\frac{3}{5}} = (a^{-3})^{\frac{1}{5}} = \sqrt[5]{a^{-3}}$
問 8 （1） $a^{\frac{5}{4}}$ （2） $x^{\frac{11}{12}}$ （3） a^2
問 9 （1） $a^{\frac{3}{2}} \times a^2 \div a^{\frac{1}{4}} = a^{\frac{3}{2}+2-\frac{1}{4}} = a^{\frac{13}{4}}$
（2） $a^{-\frac{1}{3}} b^{-\frac{2}{3}} c^{-\frac{1}{2}} \times a^{\frac{4}{3}} b^{-\frac{1}{3}} c^{-\frac{3}{2}} \times abc = a^{-\frac{1}{3}+\frac{4}{3}+1} b^{-\frac{2}{3}-\frac{1}{3}+1} c^{-\frac{1}{2}-\frac{3}{2}+1} = a^2 c^{-1}$
（3） $(a^{\frac{1}{2}}+b^{\frac{1}{2}})(a^{\frac{1}{2}}-b^{\frac{1}{2}}) = (a^{\frac{1}{2}})^2 - (b^{\frac{1}{2}})^2 = a-b$
（4） $(x^{b-c})^a \times (x^{c-a})^b \times (x^{a-b})^c = x^{ab-ac} \times x^{bc-ab} \times x^{ac-bc}$
$= x^{ab-ac+bc-ab+ac-bc} = x^0 = 1$
問 10 （1） $a^{\frac{1}{12}}$ （2） b
問 11 略
問 12 （1） $5^{2x-3} < 5^{-2}$ より $2x-3 < -2$, $x < \dfrac{1}{2}$
（2） $2^{-x} < 2^4$ より $-x < 4$, $x > -4$
（3） $2^x(2^x - 2) < 0$, $2^x > 0$ より $2^x < 2 = 2^1$, よって $x < 1$
問 13 （ヒント：すべて 2^x の形に変形して x の大小を比較する．）
$(\sqrt{2})^3 = 2^{\frac{3}{2}}$, $(0.5)^{\frac{1}{3}} = 2^{-\frac{1}{3}}$, $(0.5)^{-\frac{3}{4}} = 2^{\frac{3}{4}}$, $\sqrt[3]{4} = 2^{\frac{2}{3}}$, $\sqrt[5]{8} = 2^{\frac{3}{5}}$ より小さい順に並べると，$(0.5)^{\frac{1}{3}}$, $\sqrt[5]{8}$, $\sqrt[3]{4}$, $(0.5)^{-\frac{3}{4}}$, $(\sqrt{2})^3$ となる．

6 対数関数

1. 対数とその性質

指数関数 $y = 2^x$ において，y の値を決めて x の値を求めたい．たとえば，$2^3 = 8$ だから，$y = 8$ となるような x の値は 3 である．

問 1 関数 $y = 2^x$ で，y が次の値となるような x の値は何か．

（1） $y = 4$　　（2） $y = 16$　　（3） $y = \dfrac{1}{8}$　　（4） $y = 1$

$y = 2^x$ のグラフより，$p > 0$ のとき，y の値 p に対応する x の値が，ただ 1 つあることがわかる．この値を，$\log_2 p$ で表す．すなわち，

$$2^x = p \quad \text{のとき}, \quad x = \log_2 p$$

と定める．

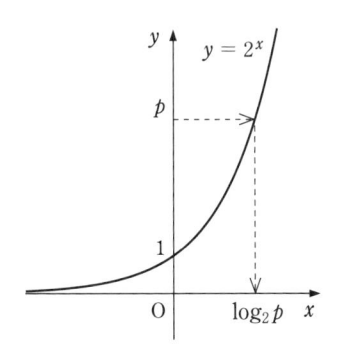

例 1 $2^3 = 8$ だから，$\log_2 8 = 3$ である．

一般に，$a > 0$，$a \neq 1$ のとき，任意の正の数 p に対して，

$$a^x = p$$

をみたす x の値がただ1つ定まる．この値を，a を**底**とする p の**対数**といい，
$$\log_a p$$
と表す．あらためてこの値を q とおくと，次のようになる．

$$a > 0,\ a \neq 1 \text{のとき},\ \log_a p = q \iff p = a^q$$

また，このとき，p を a を底とする q の**真数**という．真数はつねに正である．

上の式は，a を $q = \log_a p$ 乗すると p になると読める．したがって，対数 $\log_a p$ の値は a を何乗すると p になるかを表しているということもできる．

問 2 次の等式を $\log_a p = q$ の形に書き換えよ．
 (1) $64 = 2^6$ (2) $5 = 25^{\frac{1}{2}}$ (3) $\dfrac{1}{1000} = 10^{-3}$

問 3 次の等式を $p = a^q$ の形に書き換えよ．
 (1) $\log_2 16 = 4$ (2) $\log_8 2 = \dfrac{1}{3}$ (3) $\log_7 \dfrac{1}{49} = -2$

問 4 次の式の値を求めよ．
 (1) $\log_2 4$ (2) $\log_2 64$ (3) $\log_3 81$ (4) $\log_5 5$
 (5) $\log_{10} 10000$ (6) $\log_2 \dfrac{1}{2}$ (7) $\log_{10} 0.01$

例題 1 $\log_4 8$ の値を求めよ．

解 $\log_4 8 = x$ とおくと，$8 = 4^x$ つまり，
$2^3 = 2^{2x}$ であり，これから，$x = \dfrac{3}{2}$ よって，$\log_4 8 = \dfrac{3}{2}$ となる．

問 5 次の式の値を求めよ．
 (1) $\log_4 \dfrac{1}{64}$ (2) $\log_{27} 9$ (3) $\log_{16} \dfrac{1}{8}$ (4) $\log_{100} 1000$

例題 2 $a > 0,\ a \neq 1,\ x > 0$ のとき，
$$a^{\log_a x} = x$$
が成り立つことを示せ．

解 $a > 0$, $a \neq 1$, $x > 0$ のとき，対数の定義より $\log_a x$ の値が定まり，$\log_a x = b$ とおくと，$x = a^b$ である．したがって $x = a^b = a^{\log_a x}$ ∎

$a > 0$, $a \neq 1$ として，a を底とする対数の性質を調べてみよう．
$a^0 = 1$, $a^1 = a$ より，次のことがいえる．

$$\log_a 1 = 0, \quad \log_a a = 1$$

また次の関係が成り立つ．

──●積・商・累乗の対数────────────
$\quad$ I．$\log_a MN = \log_a M + \log_a N$

$\quad$ II．$\log_a \dfrac{M}{N} = \log_a M - \log_a N$

$\quad$ III．$\log_a M^r = r \log_a M$
─────────────────────────

上の対数の性質 I を証明しよう．

$\log_a M = x$, $\log_a N = y$ とおくと，$M = a^x$, $N = a^y$
だから， $\quad MN = a^x a^y = a^{x+y}$
したがって， $\quad \log_a MN = x + y = \log_a M + \log_a N$ ∎

問 6 上の対数の性質 II，III を証明せよ．

問 7 $M > 0$ のとき，次の等式が成り立つことを示せ．
$\quad$ (1) $\log_a \dfrac{1}{M} = -\log_a M$ $\quad$ (2) $\log_a \sqrt[n]{M} = \dfrac{1}{n} \log_a M$

例題 3 $\log_2 \dfrac{4}{3} + 2\log_2 \sqrt{12}$ を簡単にせよ．

解 $\log_2 \dfrac{4}{3} + 2\log_2 \sqrt{12} = \log_2 \dfrac{4}{3} + \log_2 (\sqrt{12})^2 = \log_2 \dfrac{4}{3} + \log_2 12$

$$= \log_2 \left(\dfrac{4}{3} \times 12 \right) = \log_2 16 = 4$$

問 8 次の式を簡単にせよ．
$\quad$ (1) $\log_6 \dfrac{9}{2} + \log_6 8$ $\quad$ (2) $\log_5 10 - \log_5 \dfrac{2}{\sqrt{5}}$

（3） $\dfrac{1}{6}\log_2 25 - \dfrac{1}{3}\log_2 10$

問 9 次の式を簡単にせよ．

（1） $\log_2 \sqrt[3]{16}$ 　　　　　　　　（2） $\dfrac{1}{2}\log_7 5 - \log_7 \dfrac{\sqrt{5}}{2}$

（3） $\log_4 16\sqrt[3]{5} + \dfrac{1}{3}\log_4 \dfrac{1}{5}$ 　　（4） $3\log_5 3 - 2\log_5 75 - \log_5 15$

（5） $(\log_5 10)^2 - \log_5 10 \log_5 4 + (\log_5 2)^2$

底の異なる対数を考えるときには，次の底の変換公式を使って，底を同じ数にそろえるとよい．

●底の変換公式

a, b, c が正の数で，$a \neq 1, c \neq 1$ のとき，
$$\log_a b = \dfrac{\log_c b}{\log_c a}$$

証明 $x = \log_a b$ とおくと，$a^x = b$

$c \neq 1$ だから，c を底とする両辺の対数をとると，

$\log_c a^x = \log_c b$　すなわち，　$x \log_c a = \log_c b$

$a \neq 1$ だから，$\log_c a \neq 0$ となるので，$x = \dfrac{\log_c b}{\log_c a}$

つまり，$\log_a b = \dfrac{\log_c b}{\log_c a}$

例2 $\log_4 8 = \dfrac{\log_2 8}{\log_2 4} = \dfrac{\log_2 2^3}{\log_2 2^2} = \dfrac{3\log_2 2}{2\log_2 2} = \dfrac{3}{2}$

問 10 次の値を求めよ．
  （1） $\log_9 \sqrt{27}$ 　　（2） $\log_2 6 - \log_4 9$ 　　（3） $\log_2 3 \log_3 4 \log_4 5$
  （4） $(\log_4 9) \div (\log_2 3)$ 　　（5） $2\log_4 24 - \log_8 54$

問 11 a, b, c が 1 でない正の定数のとき，次の等式を示せ．
  （1） $\log_a b = \dfrac{1}{\log_b a}$ 　　（2） $\log_a b \cdot \log_b c \cdot \log_c a = 1$

例題 4 $\log_{10} 2 = p$, $\log_{10} 3 = q$ のとき，$\log_5 18$ を p, q で表せ．

解 底の変換の公式より，$\log_5 18 = \dfrac{\log_{10} 18}{\log_{10} 5}$

$$\log_{10} 5 = \log_{10} \dfrac{10}{2} = \log_{10} 10 - \log_{10} 2 = 1-p$$

$$\log_{10} 18 = \log_{10}(2 \times 3^2) = \log_{10} 2 + 2\log_{10} 3 = p+2q$$

よって，$\log_5 18 = \dfrac{p+2q}{1-p}$ ∎

問 12 $\log_{10} 2 = p$, $\log_{10} 3 = q$ とするとき，次の式の値を p, q で表せ．
 （1） $\log_{10} 12$　　（2） $\log_{10} 50$　　（3） $\log_2 30$　　（4） $\log_{0.6} 0.125$

問 13 $\log_{10} 3 = q$, $\log_{10} 5 = r$ のとき，$\log_{18} 15$ を q, r で表せ．

2．逆 関 数

x の関数
$$y = f(x) \tag{1}$$
において，関数値 y を定めれば逆に x の値がただ 1 つだけ定まるとき，すなわち x が y の関数
$$x = g(y) \tag{2}$$
と考えられるとき，g を f の**逆関数**という．

すなわち，逆関数 g は f と逆の対応を与える関数である．

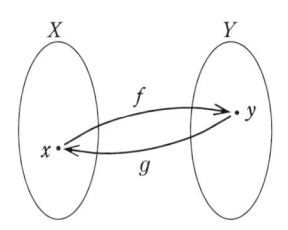

（2）においては x が y の関数（y が独立変数，x が従属変数）であるが，習慣上 y を x の関数（x が独立変数，y が従属変数）とすることが多いので，x と y を入れ換えて
$$y = g(x) \tag{3}$$
を（1）の逆関数とよぶのがふつうである．

たとえば，x の 1 次関数 $y = 3x+2$ を x について解けば

となる．ここで x と y を入れ換えれば
$$y = \frac{1}{3}x - \frac{2}{3}$$
したがって，関数 $f(x) = 3x+2$ の逆関数は $g(x) = \frac{1}{3}x - \frac{2}{3}$ である．

問 14 次の関数の逆関数を求めよ．
（1） $y = \frac{1}{2}x - 1$ 　（2） $y = ax + b$ 　（$a \neq 0$）

次に逆関数のグラフについて考えよう．

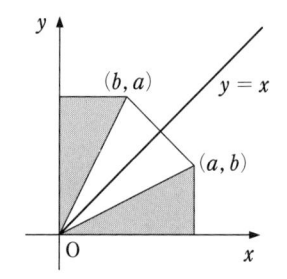

関数 f の逆関数を g とする．関数 $y = f(x)$ のグラフ上の任意の点を (a, b) とするとき
$$b = f(a), \quad a = g(b)$$
が成り立つ．これは点 (b, a) が関数 $y = g(x)$ のグラフ上にあることを示している．ところで上の図からわかるように，(a, b) と (b, a) は直線 $y = x$ に関して対称である．したがって

> 関数 $y = f(x)$ のグラフとその逆関数 $y = g(x)$ のグラフとは直線 $y = x$ に関して対称である．

f の逆関数を f^{-1} と表すこともある．このときの $^{-1}$ は指数の (-1) 乗とは違うので，混同しないよう十分注意する必要がある．

3. 対数関数

a が 1 でない正の定数のとき，x の正の値に対応して $\log_a x$ の値がただ 1 つ定まる．この対応できまる関数
$$y = \log_a x$$
を，a を底とする**対数関数**という．

対数関数 $y = \log_2 x$ のグラフを考えてみよう．

$y = \log_2 x$ の x と y の関係は，$x = 2^y$ のそれと同じであるから，$y = 2^x$ の x と y を入れ換えて，次のようになる．

x	……	$\frac{1}{16}$	$\frac{1}{8}$	$\frac{1}{4}$	$\frac{1}{2}$	1	2	4	8	16	……
y	……	-4	-3	-2	-1	0	1	2	3	4	……

座標平面上に，これに対応する点 (x, y) をとっていくと，下図の太い実線のような曲線上に並ぶ．この曲線が，対数関数
$$y = \log_2 x$$
のグラフである．対数の定義より，対数関数 $y = \log_2 x$ は指数関数 $y = 2^x$ の逆関数になっている．したがって，$y = \log_2 x$ のグラフは，$y = 2^x$ のグラフを，直線 $y = x$ について対称に移したものになる．

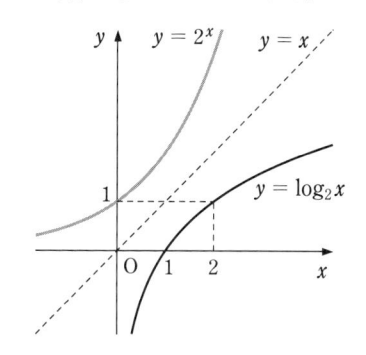

一般に対数関数 $y = \log_a x$ は，指数関数 $y = a^x$ の逆関数である．

問 15 $y = \log_{\frac{1}{2}} x$ のグラフを，$y = \left(\frac{1}{2}\right)^x$ のグラフをもとにしてかけ．

対数関数 $y = \log_a x$ のグラフは，次ページのような形になる．

これからわかるように，対数関数 $y = \log_a x$ には次の性質がある．

> Ⅰ．定義域は正の実数全体，値域は実数全体である．
> Ⅱ．$a > 1$ のときは，単調増加関数である．すなわち，
> $$p < q \text{ ならば，} \log_a p < \log_a q \text{ である．}$$
> $0 < a < 1$ のときは，単調減少関数である．すなわち，
> $$p < q \text{ ならば，} \log_a p > \log_a q \quad \text{である．}$$
> Ⅲ．グラフは定点 $(1, 0)$ を通り，y 軸が漸近線である．

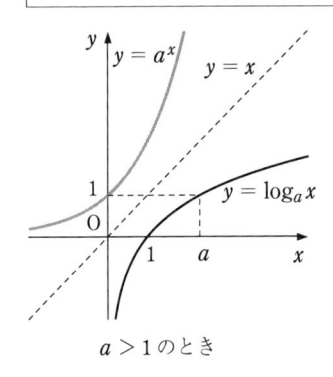

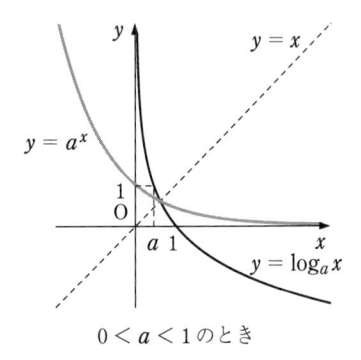

$a > 1$ のとき

$0 < a < 1$ のとき

問 16 次の対数関数のグラフの概形を，同じ座標軸を使ってかけ．
（1） $y = \log_3 x$ （2） $y = \log_{\frac{1}{3}} x$ （3） $y = \log_{\frac{3}{2}} x$

問の答とヒント

問 1 （1） 2 （2） 4 （3） -3 （4） 0

問 2 （1） $\log_2 64 = 6$ （2） $\log_{25} 5 = \dfrac{1}{2}$ （3） $\log_{10} \dfrac{1}{1000} = -3$

問 3 （1） $16 = 2^4$ （2） $2 = 8^{\frac{1}{3}}$ （3） $\dfrac{1}{49} = 7^{-2}$

問 4 （1） 2 （2） 6 （3） 4 （4） 1 （5） 4
（6） -1 （7） -2

問 5 （1） -3 （2） $\dfrac{2}{3}$ （2） $-\dfrac{3}{4}$ （2） $\dfrac{3}{2}$

問 6 Ⅱ．$\log_a M = x$, $\log_a N = y$ とおくと，$M = a^x$, $N = a^y$ だから，

$\dfrac{M}{N} = \dfrac{a^x}{a^y} = a^{x-y}$. したがって，$\log_a \dfrac{M}{N} = x-y = \log_a M - \log_a N$

III. $\log_a M = x$ とおくと，$M = a^x$ だから，$M^r = (a^x)^r = a^{rx}$. したがって，$\log_a M^r = rx = r \log_a M$

問 7 （1） $\log_a \dfrac{1}{M} = \log_a M^{-1} = -\log_a M$

（2） $\log_a \sqrt[n]{M} = \log_a M^{\frac{1}{n}} = \dfrac{1}{n} \log_a M$

問 8 （1） 2   （2） $\dfrac{3}{2}$ （3） $-\dfrac{1}{3}$

問 9 （1） $\log_2 \sqrt[3]{16} = \log_2 (2^4)^{\frac{1}{3}} = \log_2 2^{\frac{4}{3}} = \dfrac{4}{3}$

（2） $\dfrac{1}{2}\log_7 5 - \log_7 \dfrac{\sqrt{5}}{2} = \log_7 \sqrt{5} - \log_7 \dfrac{\sqrt{5}}{2} = \log_7 \sqrt{5} \cdot \dfrac{2}{\sqrt{5}} = \log_7 2$

（3） $\log_4 16\sqrt[3]{5} + \dfrac{1}{3}\log_4 \dfrac{1}{5} = \log_4 16 \cdot 5^{\frac{1}{3}} + \log_4 \left(\dfrac{1}{5}\right)^{\frac{1}{3}} = \log_4 16 \cdot 5^{\frac{1}{3}} \left(\dfrac{1}{5}\right)^{\frac{1}{3}} = \log_4 16 = 2$

（4） $3\log_5 3 - 2\log_5 75 - \log_5 15 = 3\log_5 3 - 2\log_5 3 \cdot 5^2 - \log_5 3 \cdot 5 = 3\log_5 3 - 2\log_5 3 - 4 - \log_5 3 - 1 = -5$

（5） $(\log_5 10)^2 - \log_5 10 \log_5 4 + (\log_5 2)^2 = (\log_5 10)^2 - 2\log_5 10 \log_5 2 + (\log_5 2)^2 = (\log_5 10 - \log_5 2)^2 = \left(\log_5 \dfrac{10}{2}\right)^2 = 1$

問 10 （1） $\dfrac{3}{4}$ （2） 1   （3） $\log_2 5$ （4） 1   （5） $\dfrac{8}{3}$

問 11 （1） $\log_a b = \dfrac{\log_b b}{\log_b a} = \dfrac{1}{\log_b a}$

（2） $\log_a b \cdot \log_b c \cdot \log_c a = \log_a b \dfrac{\log_a c}{\log_a b} \dfrac{1}{\log_a c} = 1$

問 12 （1） $2p+q$ （2） $2-p$ （3） $\dfrac{q+1}{p}$ （4） $\dfrac{3p}{1-p-q}$

問 13 （ヒント：$\log_{10} 2 = \log_{10} \dfrac{10}{5} = \log_{10} 10 - \log_{10} 5 = 1-r$）

$\dfrac{q+r}{1+2q-r}$

問 14 （1） $y = 2x+2$ （2） $y = \dfrac{1}{a}x - \dfrac{b}{a}$

問 15 略
問 16 略

7

微分係数と導関数

1. 極限値

関数 $f(x)$ において，x が a と異なる値をとりながら a に限りなく近づくとき，$f(x)$ の値が b に限りなく近づくならば，
$$\lim_{x \to a} f(x) = b$$
とかき，b を，x が a に近づくときの $f(x)$ の**極限値**という．たとえば，$3x+1$ は，x が 2 に近づくとき，7 に近づくから，
$$\lim_{x \to 2}(3x+1) = 7$$

問 1 次の極限値を求めよ．
（1）$\lim_{x \to 1}(4x-6)$ （2）$\lim_{x \to 2}(x^2-x-2)$ （3）$\lim_{x \to 1}\dfrac{x+3}{x+1}$

例題 1 $\lim_{x \to 1}\dfrac{x^2-4x+3}{x-1}$ を求めよ．

解 $\lim_{x \to 1}\dfrac{x^2-4x+3}{x-1} = \lim_{x \to 1}\dfrac{(x-1)(x-3)}{x-1} = \lim_{x \to 1}(x-3) = -2$

問 2 次の極限値を求めよ．
（1）$\lim_{x \to 2}\dfrac{x^2-4}{x-2}$ （2）$\lim_{x \to 1}\dfrac{x^2+x-2}{x-1}$ （3）$\lim_{x \to -1}\dfrac{x+1}{x^2-x-2}$
（4）$\lim_{h \to 0}\dfrac{4h+3h^2}{h}$

2. 微分係数

関数 $y=f(x)$ において，x の値が a から $a+h$ まで変わるとき，x の値の変化 $(a+h)-a=h$ に対する $f(x)$ の値の変化 $f(a+h)-f(a)$ の割合 $\dfrac{f(a+h)-f(a)}{h}$ を，x の値が a から $a+h$ まで変わるときの $f(x)$ の**平均変化率**という．h が 0 に近づくときの平均変化率の極限を，関数 $y=f(x)$ の $x=a$ における**微分係数**といい，$f'(a)$ で表す．

> ● 微分係数
> $$f'(a)=\lim_{h\to 0}\dfrac{f(a+h)-f(a)}{h}$$

例題 2 $f(x)=x^2$ の $x=2$ における微分係数 $f'(2)$ を求めよ．

解 $f'(2)=\lim\limits_{h\to 0}\dfrac{f(2+h)-f(2)}{h}=\lim\limits_{h\to 0}\dfrac{(2+h)^2-2^2}{h}=\lim\limits_{h\to 0}\dfrac{4h+h^2}{h}$
$=\lim\limits_{h\to 0}(4+h)=4$

問 3 $f(x)=x^2$ のとき，微分係数 $f'(1)$，$f'(3)$ を求めよ．

微分係数が，関数のグラフ上で，どんな意味をもつか考えてみよう．関数 $y=f(x)$ のグラフのことを，曲線 $y=f(x)$ という．曲線 $y=f(x)$ 上に，x 座標がそれぞれ a，$a+h$ の 2 点 A, B をとると，x の値が a から $a+h$ まで変

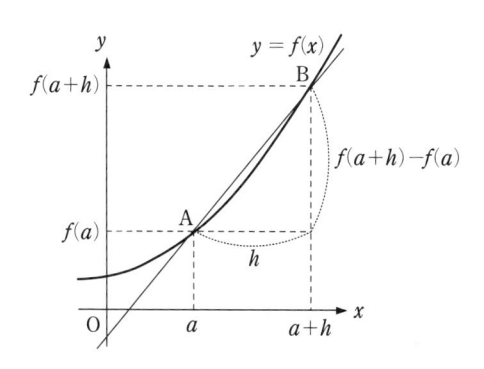

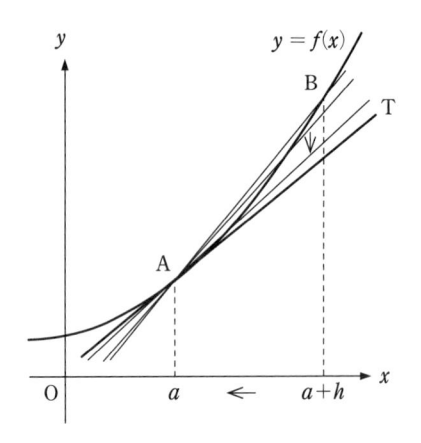

わるときの $f(x)$ の平均変化率 $\dfrac{f(a+h)-f(a)}{h}$ は直線 AB の傾きである．

ここで，h を 0 に近づけると，点 B は曲線 $y=f(x)$ 上を動きながら点 A に近づき，直線 AB はある直線 AT に近づく．この直線 AT のことを，点 A における曲線 $y=f(x)$ の**接線**といい，A をこの接線の**接点**という．

また，直線 AB の傾き $\dfrac{f(a+h)-f(a)}{h}$ は，h を 0 に近づけると，関数 $y=f(x)$ の $x=a$ における微分係数 $f'(a) = \lim\limits_{h \to 0} \dfrac{f(a+h)-f(a)}{h}$ に近づくから，接線 AT の傾きは $f'(a)$ である．

---●微分係数と接線の傾き---

関数 $y=f(x)$ の $x=a$ における微分係数 $f'(a)$ は，曲線 $y=f(x)$ 上の点 $(a, f(a))$ における接線の傾きである．

例題 3 曲線 $y=x^2$ 上の点 $(2,4)$ における接線の傾きを求めよ．

解 例題 2 より，$f(x)=x^2$ のとき，$f'(2)=4$ だから，接線の傾きは 4 である．

問 4 曲線 $y=x^2$ 上の点 $(1,1)$ における接線の傾きを求めよ．

3. 導関数

関数 $f(x) = x^2$ については，これまで調べたように，
$$f'(1) = 2, \quad f'(2) = 4, \quad f'(3) = 6$$
であった．この $f(x)$ の，$x = a$ における微分係数 $f'(a)$ を求めてみると，
$$f'(a) = \lim_{h \to 0} \frac{(a+h)^2 - a^2}{h} = \lim_{h \to 0} \frac{2ah + h^2}{h} = \lim_{h \to 0} (2a + h) = 2a$$
であり，$f'(a) = 2a$ に，$a = 1, 2, 3$ を代入したものが，それぞれ，2, 4, 6 である．このように，x のいろいろな値における $f(x)$ の微分係数は，いちいち計算しなくても，$x = a$ における微分係数 $f'(a)$ を求めて，a に必要な値を代入することによって求められる．このとき，微分係数 $f'(a)$ は，a を変数とする関数となる．そこで，$f'(a) = 2a$ の a を x で置き換えた
$$f'(x) = 2x$$
のことを，関数 $f(x) = x^2$ の導関数という．

一般に，関数 $y = f(x)$ について，x の値 a に微分係数 $f'(a)$ を対応させる関数を $f'(x)$ と表し，これを $f(x)$ の**導関数**という．微分係数の定義から，関数 $f(x)$ の導関数 $f'(x)$ は，次のように計算できる．

●導関数
$$f'(x) = \lim_{h \to 0} \frac{f(x+h) - f(x)}{h}$$
---

x の関数 $f(x)$ からその導関数 $f'(x)$ を求めることを，関数 $f(x)$ を x について**微分する**，あるいは，単に，微分するという．

例題 4 関数 $f(x) = x^2$ を微分せよ．

解 $x = a$ における微分係数が $f'(a) = 2a$ だから $f'(x) = 2x$ ∎

例題 5 関数 $f(x) = x^3$ を微分せよ．

解 $f'(x) = \lim_{h \to 0} \dfrac{f(x+h) - f(x)}{h} = \lim_{h \to 0} \dfrac{(x+h)^3 - x^3}{h}$

$$= \lim_{h \to 0} \frac{x^3 + 3x^2h + 3xh^2 + h^3 - x^3}{h} = \lim_{h \to 0} \frac{3x^2h + 3xh^2 + h^3}{h}$$
$$= \lim_{h \to 0} (3x^2 + 3xh + h^2) = 3x^2$$

例題 6 関数 $f(x) = x$ を微分せよ．

解 $f'(x) = \lim_{h \to 0} \dfrac{f(x+h) - f(x)}{h} = \lim_{h \to 0} \dfrac{(x+h) - x}{h} = \lim_{h \to 0} \dfrac{h}{h} = \lim_{h \to 0} 1 = 1$

問 5 関数 $f(x) = x^4$ を微分せよ．

関数 $y = f(x)$ において，変数の値が x から $x+h$ まで変わるとき，
$$\varDelta x = (x+h) - x = h, \quad \varDelta y = f(x+h) - f(x)$$
と書いて，$\varDelta x$ を **x の増分**，$\varDelta y$ を $\varDelta x$ に対する **y の増分**という．記号 $\varDelta$ はデルタと読む．なお，増分 $\varDelta x, \varDelta y$ は，正の値とはかぎらない．増分 $\varDelta x, \varDelta y$ を用いると，導関数 $f'(x)$ は次のように表される．

$$f'(x) = \lim_{\varDelta x \to 0} \frac{\varDelta y}{\varDelta x}$$

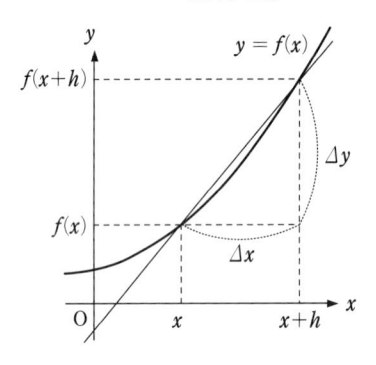

例題 7 定数 k について，$f(x) = k$ の導関数を求めよ．

解 $\varDelta y = k - k = 0$ だから，$f'(x) = \lim_{\varDelta x \to 0} \dfrac{\varDelta y}{\varDelta x} = \lim_{\varDelta x \to 0} \dfrac{0}{\varDelta x} = \lim_{\varDelta x \to 0} 0 = 0$

関数 $y = f(x)$ の導関数 $f'(x)$ は，
$$y', \quad \frac{dy}{dx}, \quad \frac{d}{dx}f(x)$$
などと表すこともある．たとえば，$f(x) = x^2$ のときは，次のようにかける．
$$f'(x) = 2x, \quad y' = 2x, \quad \frac{dy}{dx} = 2x, \quad \frac{d}{dx}f(x) = 2x$$
また，関数を微分した結果を示すのに，関数に（ ）′をつけて，
$$(x)' = 1, \ (x^2)' = 2x, \ (x^3)' = 3x^2$$
と表すこともある．

4．微分法の公式

これまでのことをまとめると，次のようになる．

> **●微分法の公式 1**
> 1. 累乗の微分　$(x^n)' = nx^{n-1} \quad (n = 1, 2, 3, 4)$
> 2. 定数の微分　$(k)' = 0$

また，あとで示すように，次の微分公式も成り立つ．

> **●微分法の公式 2**
> 3. 定数倍の微分　$\{kf(x)\}' = kf'(x)$
> 4. 和の微分　$\{f(x)+g(x)\}' = f'(x)+g'(x)$
> 5. 差の微分　$\{f(x)-g(x)\}' = f'(x)-g'(x)$

定数 k 倍の微分については，$y = kf(x)$，x の増分を $\Delta x = h$ とすると，
$$\frac{\Delta y}{\Delta x} = \frac{kf(x+h)-kf(x)}{h} = k\frac{f(x+h)-f(x)}{h}$$
k は h の変化に無関係だから，
$$y' = \lim_{\Delta x \to 0} \frac{\Delta y}{\Delta x} = k \lim_{h \to 0} \frac{f(x+h)-f(x)}{h} = kf'(x)$$

問 6　次の関数を微分せよ．

（1）$y = \dfrac{5}{2}x^2$　　（2）$y = -3x^3$　　（3）$y = \dfrac{7}{4}x^4$

和の微分については，$y = f(x)+g(x)$ とすると，
$$\frac{\Delta y}{\Delta x} = \frac{\{f(x+h)+g(x+h)\}-\{f(x)+g(x)\}}{h}$$
$$= \frac{f(x+h)-f(x)}{h}+\frac{g(x+h)-g(x)}{h}$$

だから，
$$y' = \lim_{\Delta x \to 0} \frac{\Delta y}{\Delta x} = \lim_{h \to 0} \frac{f(x+h)-f(x)}{h}+\lim_{h \to 0} \frac{g(x+h)-g(x)}{h}$$
$$= f'(x)+g'(x)$$

差の微分についても，同じようにして，
$$y = f(x)-g(x) \text{ とすると，} y' = f'(x)-g'(x)$$

問 7 次の関数を微分せよ．
（1） $y = x^3+x$ 　　（2） $y = x^4-x^2$

微分法の公式2を用いると，次のことも成り立つ．
$$\{f(x)+g(x)+h(x)\}' = f'(x)+g'(x)+h'(x)$$
また，k, l を定数とするとき，
$$\{kf(x)+lg(x)\}' = kf'(x)+lg'(x)$$
これまで調べてきた公式を用いて，導関数を求めてみよう．

例題 8 関数 $y = x^3-7x^2+6x-1$ を微分せよ．

解 $y' = (x^3-7x^2+6x-1)' = (x^3)'-7(x^2)'+6(x)'-(1)'$
$= 3x^2-7\times 2x+6\times 1-0 = 3x^2-14x+6$

問 8 次の関数を微分せよ．
（1） $3x+4$ 　　（2） $2x^2-5x-3$ 　　（3） $4x^3+x^2-6x-1$
（4） $x^4-2x^3+3x^2-x+4$ 　　（5） $10-5x-5x^2$
（6） $4x^2-5x^3-3x^4$ 　　（7） $x^3-\dfrac{2}{5}x^2+\dfrac{1}{7}x+1$
（8） $\dfrac{x^4}{4}-\dfrac{x^3}{3}+\dfrac{x^2}{2}-x$

これまでは，x を変数とする関数を考えてきたが，x とちがった文字を変数

とする関数を考えることも多い．

例題 9 v_0, g を定数とするとき，t を変数とする次の関数を微分せよ．
$$s = v_0 t - \frac{1}{2} g t^2$$

解 $\dfrac{ds}{dt} = v_0(t)' - \dfrac{1}{2} g (t^2)' = v_0 - \dfrac{1}{2} g \times 2t = v_0 - gt$

問 9 t を定数とするとき，s を変数とする関数 u の導関数 $\dfrac{du}{ds}$ を求めよ．
（1） $u = 2s + 3t$ （2） $u = 5s - 4t$
（3） $u = s^2 + 2st + 3t^2$ （4） $u = 4s^2 - 3st - 2t^2$
（5） $u = 3s^3 t^2 + 5st^4$ （6） $u = 4s^4 t^3 - 3s^2 t$

問 10 s を定数とするとき，t を変数とする関数 u の導関数 $\dfrac{du}{dt}$ を求めよ．
（1） $u = 2s + 3t$ （2） $u = 5s - 4t$
（3） $u = s^2 + 2st + 3t^2$ （4） $u = 4s^2 - 3st - 2t^2$
（5） $u = 3s^3 t^2 + 5st^4$ （6） $u = 4s^4 t^3 - 3s^2 t$

問の答とヒント

問 1 （1） -2 （2） 0 （3） 2

問 2 （1） 4 （2） 3 （3） $-\dfrac{1}{3}$ （4） 4

問 3 $f'(1) = \lim_{h \to 0} \dfrac{f(1+h) - f(1)}{h} = \lim_{h \to 0} \dfrac{(1+h)^2 - 1^2}{h} = \lim_{h \to 0} \dfrac{2h + h^2}{h}$
$= \lim_{h \to 0} (2+h) = 2,$

$f'(3) = \lim_{h \to 0} \dfrac{f(3+h) - f(3)}{h} = \lim_{h \to 0} \dfrac{(3+h)^2 - 3^2}{h}$
$= \lim_{h \to 0} \dfrac{6h + h^2}{h} = \lim_{h \to 0} (6+h) = 6$

問 4 問 3 により，$f(x) = x^2$ のとき，$f'(1) = 2$ だから，接線の傾きは 2

問 5 $f'(x) = \lim_{h \to 0} \dfrac{f(x+h) - f(x)}{h} = \lim_{h \to 0} \dfrac{(x+h)^4 - x^4}{h}$
$= \lim_{h \to 0} \dfrac{x^4 + 4x^3 h + 6x^2 h^2 + 4xh^3 + h^4 - x^4}{h}$

$$= \lim_{h \to 0} \frac{4x^3h + 6x^2h^2 + 4xh^3 + h^4}{h} = \lim_{h \to 0}(4x^3 + 6x^2h + 4xh^2 + h^3) = 4x^3$$

問 6 （1） $y' = 5x$ （2） $y' = -9x^2$ （3） $y' = 7x^3$

問 7 （1） $y' = 3x^2 + 1$ （2） $y' = 4x^3 - 2x$

問 8 （1） 3 （2） $4x - 5$ （3） $12x^2 + 2x - 6$

（4） $4x^3 - 6x^2 + 6x - 1$ （5） $-5 - 10x$ （6） $8x - 15x^2 - 12x^3$

（7） $3x^2 - \dfrac{4}{5}x + \dfrac{1}{7}$ （8） $x^3 - x^2 + x - 1$

問 9 （1） $\dfrac{du}{ds} = 2$ （2） $\dfrac{du}{ds} = 5$ （3） $\dfrac{du}{ds} = 2s + 2t$

（4） $\dfrac{du}{ds} = 8s - 3t$ （5） $\dfrac{du}{ds} = 9s^2t^2 + 5t^4$

（6） $\dfrac{du}{ds} = 16s^3t^3 - 6st$

問 10 （1） $\dfrac{du}{dt} = 3$ （2） $\dfrac{du}{dt} = -4$ （3） $\dfrac{du}{dt} = 2s + 6t$

（4） $\dfrac{du}{dt} = -3s - 4t$ （5） $\dfrac{du}{dt} = 6s^3t + 20st^3$

（6） $\dfrac{du}{dt} = 12s^4t^2 - 3s^2$

8

整式・有理式の導関数

1. 積の微分法

関数 $y = f(x)g(x)$ の導関数を求めてみよう．x の増分を $\Delta x = h$ とすると，y の増分 Δy は

$$\Delta y = f(x+h)g(x+h) - f(x)g(x)$$
$$= \{f(x+h) - f(x)\}g(x+h) + f(x)\{g(x+h) - g(x)\}$$

であり，したがって

$$\frac{\Delta y}{\Delta x} = \frac{f(x+h) - f(x)}{h} \cdot g(x+h) + f(x) \cdot \frac{g(x+h) - g(x)}{h}$$

である．$g(x)$ は連続だから，$\lim_{h \to 0} g(x+h) = g(x)$ であり，よって

$$y' = \lim_{\Delta x \to 0} \frac{\Delta y}{\Delta x}$$
$$= \lim_{h \to 0} \frac{f(x+h) - f(x)}{h} \cdot \lim_{h \to 0} g(x+h) + f(x) \cdot \lim_{h \to 0} \frac{g(x+h) - g(x)}{h}$$
$$= f'(x)g(x) + f(x)g'(x)$$

となる．すなわち次の公式が得られた．

---●積の微分公式---

$$\{f(x)g(x)\}' = f'(x)g(x) + f(x)g'(x)$$

例題 1 関数 $y = (4x^2+1)(x^3+2)$ を微分せよ．

解 $y' = (4x^2+1)'(x^3+2) + (4x^2+1)(x^3+2)' = 8x(x^3+2) + (4x^2+1)(3x^2)$
$= 8x^4 + 16x + 12x^4 + 3x^2 = 20x^4 + 3x^2 + 16x$

問 1 次の関数を微分せよ．
(1) $y = (x^4-2)(3x-1)$
(2) $y = (4-3x^4)(2x^3+5)$
(3) $y = (2x^3-x^2+4)(3x+1)$
(4) $y = (4x^3+3x^2+2)(2x-1)$

$n = 0, 1, 2, 3, 4$ のとき，公式 $(x^n)' = nx^{n-1}$ が成り立つことをすでに学んだ．積の微分公式を使って，$n = 5, 6, \cdots$ のときも

$$(x^5)' = (x^4 \cdot x)' = (x^4)'x + x^4(x)' = (4x^3)x + x^4(1) = 5x^4$$
$$(x^6)' = (x^5 \cdot x)' = (x^5)'x + x^5(x)' = (5x^4)x + x^5(1) = 6x^5$$

が成り立つ．すなわち次の公式が得られる．

●**非負の整数乗の微分公式**

$$(x^n)' = nx^{n-1} \quad (n = 0, 1, \cdots)$$

例題 2 関数 $y = 2x^5 - 3x^3 + 4x^2 - 5$ を微分せよ．

解 $y' = 2(x^5)' - 3(x^3)' + 4(x^2)' - (5)' = 2(5x^4) - 3(3x^2) + 4(2x) - 0$
$= 10x^4 - 9x^2 + 8x$

問 2 次の関数を微分せよ．
(1) $y = -2x^7 + 3x^5 + 4x^4 - 17$
(2) $y = \dfrac{1}{2}x^4 - \dfrac{1}{4}x^6 - \dfrac{1}{6}x^8$

2．商の微分法

関数 $y = \dfrac{1}{g(x)}$ の導関数を求めてみよう．x の増分を $\varDelta x = h$ とすると，y の増分 $\varDelta y$ は

$$\varDelta y = \frac{1}{g(x+h)} - \frac{1}{g(x)} = -\frac{g(x+h)-g(x)}{g(x+h)g(x)}$$

であり，したがって

$$\frac{\varDelta y}{\varDelta x} = -\frac{g(x+h)-g(x)}{h} \cdot \frac{1}{g(x+h)g(x)}$$

である．$g(x)$ は連続だから，$\displaystyle\lim_{h \to 0} g(x+h) = g(x)$ であり，よって

$$y' = \lim_{\varDelta x \to 0} \frac{\varDelta y}{\varDelta x}$$

$$= -\lim_{h \to 0} \frac{g(x+h)-g(x)}{h} \cdot \frac{1}{g(x) \lim_{h \to 0} g(x+h)}$$

$$= -g'(x) \cdot \frac{1}{g(x)^2} = -\frac{g'(x)}{g(x)^2}$$

となる．すなわち次の公式が得られた．

$$\left\{\frac{1}{g(x)}\right\}' = -\frac{g'(x)}{g(x)^2} \quad \text{（逆数の微分公式）}$$

m を正の整数とするとき，逆数の微分公式を使って，

$$(x^{-m})' = \left(\frac{1}{x^m}\right)' = -\frac{(x^m)'}{(x^m)^2} = -\frac{mx^{m-1}}{x^{2m}} = -mx^{-m-1}$$

となる．$-m = n$ とおけば $(x^n)' = nx^{n-1}$ である．すなわち，非負の整数乗の微分公式は n が負の整数のときにも成り立つ．

―●整数乗の微分公式――――
$$(x^n)' = nx^{n-1} \quad (n = 0, \pm 1, \pm 2, \cdots)$$

例題 3 関数 $y = \dfrac{1}{x}$ を微分せよ．

解 $y' = (x^{-1})' = -1 x^{-1-1} = -\dfrac{1}{x^2}$

問 3 次の関数を微分せよ．
（1） $y = \dfrac{1}{x^2}$ 　　（2） $y = -\dfrac{5}{4x^3}$ 　　（3） $y = x^4 + \dfrac{1}{x^4}$

（4） $y = 5x^5 - \dfrac{1}{5x^5}$ 　　（5） $y = \dfrac{3x^4 - 4x^2 + 5}{x}$

（6） $y = \dfrac{6x^4 - 5x^3 - 3x + 2}{x^2}$

関数 $y = \dfrac{f(x)}{g(x)}$ の導関数を求めてみよう．積の微分公式と逆数の微分公式を使って，

$$y' = \left\{f(x) \cdot \frac{1}{g(x)}\right\}'$$

$$= f'(x) \cdot \frac{1}{g(x)} + f(x)\left\{\frac{1}{g(x)}\right\}'$$

$$= f'(x) \cdot \frac{1}{g(x)} + f(x)\left\{-\frac{g'(x)}{g(x)^2}\right\}$$

$$= \frac{f'(x)g(x) - f(x)g'(x)}{g(x)^2}$$

となる．すなわち次の公式が得られた．

●商の微分公式

$$\left\{\frac{f(x)}{g(x)}\right\}' = \frac{f'(x)g(x) - f(x)g'(x)}{g(x)^2}$$

例題 4 関数 $y = \dfrac{3x-4}{x^2+1}$ を微分せよ．

解 $y' = \dfrac{(3x-4)'(x^2+1) - (3x-4)(x^2+1)'}{(x^2+1)^2} = \dfrac{3(x^2+1) - (3x-4)(2x)}{(x^2+1)^2}$

$= \dfrac{-3x^2 + 8x + 3}{(x^2+1)^2}$

問 4 次の関数を微分せよ．

(1) $y = \dfrac{4x+3}{x^2-1}$　　(2) $y = \dfrac{5x-2}{4-3x^2}$　　(3) $y = \dfrac{x+1}{x^2+x+1}$

(4) $y = \dfrac{2x^3-1}{x^6+1}$

3．合成関数の微分法

　y が u の関数，u が x の関数で，$y = f(u)$，$u = g(x)$ と表されているとき，合成関数 $y = f(g(x))$ の導関数を求めてみよう．x の増分を $\Delta x = h$ とすると，u の増分 Δu と y の増分 Δy はそれぞれ

$$\Delta u = g(x+h) - g(x), \quad \Delta y = f(u + \Delta u) - f(u)$$

であり，したがって

$$\frac{\Delta y}{\Delta x} = \frac{\Delta y}{\Delta u} \cdot \frac{\Delta u}{\Delta x} = \frac{f(u+\Delta u)-f(u)}{\Delta u} \cdot \frac{g(x+h)-g(x)}{h}$$

である．$g(x)$ は連続だから，$\Delta x = h \to 0$ のとき $\Delta u \to 0$ であり，よって

$$y' = \lim_{\Delta x \to 0} \frac{\Delta y}{\Delta x}$$

$$= \lim_{\Delta u \to 0} \frac{f(u+\Delta u)-f(u)}{\Delta u} \cdot \lim_{h \to 0} \frac{g(x+h)-g(x)}{h}$$

$$= f'(u)g'(x)$$

となる．$y' = \dfrac{dy}{dx}$, $f'(u) = \dfrac{dy}{du}$, $g' = \dfrac{du}{dx}$ により次の公式が得られた．

───●合成関数の微分公式───

$y = f(u)$, $u = g(x)$ のとき合成関数 $y = f(g(x))$ について

$$\frac{dy}{dx} = \frac{dy}{du} \frac{du}{dx}$$

合成関数の微分公式は

$$\{f(g(x))\}' = f'(g(x))g'(x)$$

の形に書くこともできる．

例題 5 関数 $y = (4x+3)^5$ を微分せよ．

解 $u = 4x+3$ とおくと $y = u^5$ だから $\dfrac{dy}{dx} = \dfrac{dy}{du}\dfrac{du}{dx} = 5u^4 \cdot 4 = 20(4x+3)^4$ ∎

問 5 次の関数を微分せよ．
（1）$y = (2x+5)^4$　（2）$y = (5x-4)^6$　（3）$y = (-3x+2)^5$
（4）$y = (3x^2+5x+4)^6$　（5）$y = (2x^2-3x-6)^5$
（6）$y = (-4x^2+3)^7$　（7）$y = \left(x+\dfrac{1}{x}\right)^3$　（8）$y = \left(2x-\dfrac{1}{2x}\right)^4$
（9）$y = \left(x^2-\dfrac{1}{x^2}\right)^5$　（10）$y = \dfrac{1}{(5x+2)^4}$　（11）$y = \dfrac{1}{(4x-5)^6}$
（12）$y = \dfrac{1}{(3x^2+x+2)^4}$　（13）$y = \dfrac{1}{(-2x^2+5x+4)^3}$

(14)　$y = \left(\dfrac{5x+4}{2x+3}\right)^6$　　　(15)　$y = \left(\dfrac{3x-4}{5x-6}\right)^7$

問の答とヒント

問 1　(1)　$15x^4-4x^3-6$　　(2)　$-42x^6-60x^3+24x^2$
(3)　$24x^3-3x^2-2x+12$　　(4)　$32x^3+6x^2-6x+4$

問 2　(1)　$-14x^6+15x^4+16x^3$　　(2)　$2x^3-\dfrac{3}{2}x^5-\dfrac{4}{3}x^7$

問 3　(1)　$-\dfrac{2}{x^3}$　　(2)　$\dfrac{15}{4x^4}$　　(3)　$4x^3-\dfrac{4}{x^5}$　　(4)　$25x^4+\dfrac{1}{x^6}$

(5)　$y' = \left(3x^3-4x+\dfrac{5}{x}\right)' = 9x^2-4-\dfrac{5}{x^2} = \dfrac{9x^4-4x^2-5}{x^2}$

(6)　$y' = \left(6x^2-5x-\dfrac{3}{x}+\dfrac{2}{x^2}\right)' = 12x-5+\dfrac{3}{x^2}-\dfrac{4}{x^3} = \dfrac{12x^4-5x^3+3x-4}{x^3}$

問 4　(1)　$\dfrac{-4x^2-6x-4}{(x^2-1)^2}$　　(2)　$\dfrac{15x^2-12x+20}{(4-3x^2)^2}$　　(3)　$\dfrac{-x^2-2x}{(x^2+x+1)^2}$

(4)　$\dfrac{-6x^8+6x^5+6x^2}{(x^6+1)^2}$

問 5　(1)　$8(2x+5)^3$　　(2)　$30(5x-4)^5$　　(3)　$-15(-3x+2)^4$
(4)　$6(6x+5)(3x^2+5x+4)^5$　　(5)　$5(4x-3)(2x^2-3x-6)^4$
(6)　$-56x(-4x^2+3)^6$　　(7)　$3\left(1-\dfrac{1}{x^2}\right)\left(x+\dfrac{1}{x}\right)^2$
(8)　$4\left(2+\dfrac{1}{2x^2}\right)\left(2x-\dfrac{1}{2x}\right)^3$　　(9)　$10\left(x+\dfrac{1}{x^3}\right)\left(x^2-\dfrac{1}{x^2}\right)^4$
(10)　$-\dfrac{20}{(5x+2)^5}$　　(11)　$-\dfrac{24}{(4x-5)^7}$　　(12)　$-\dfrac{4(6x+1)}{(3x^2+x+2)^5}$
(13)　$-\dfrac{3(-4x+5)}{(-2x^2+5x+4)^4}$　　(14)　$\dfrac{42(5x+4)^5}{(2x+3)^7}$　　(15)　$\dfrac{14(3x-4)^6}{(5x-6)^8}$

9

導関数の応用

1. 接線の方程式

曲線 $y = f(x)$ とその上の点 $(a, f(a))$ に対し，$(a, f(a))$ における $y = f(x)$ の接線の方程式について考えてみよう．

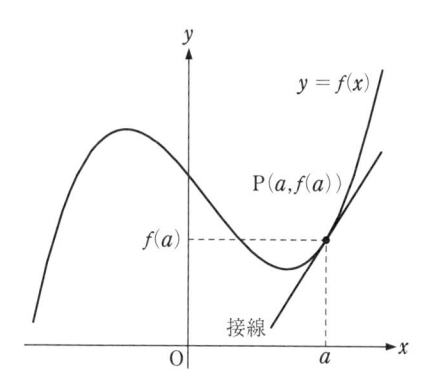

7章 (p.62) で調べたように，$(a, f(a))$ における $y = f(x)$ の接線の傾きは $f'(a)$ である．したがって，接線は点 $(a, f(a))$ を通り傾き $f'(a)$ の直線であるから，その方程式は次のようになる．

●**接線の方程式**

曲線 $y = f(x)$ のその上の点 $(a, f(a))$ における接線の方程式は
$$y - f(a) = f'(a)(x - a)$$

例題 1 曲線 $y = x^2 + x$ のその上の点 $(1, 2)$ における接線の方程式を求めよ．

解 $y' = 2x + 1$ だから，$x = 1$ のとき，$y' = 3$．したがって，接線の方程式は $y - 2 = 3(x - 1)$，すなわち，$y = 3x - 1$．

問 1 次の曲線の，示された点における接線の方程式を求めよ．
 （1） $y = x^3 - 2x$, $(2, 4)$ 　　（2） $y = 2 + x - x^3$, $(-1, 2)$
 （3） $y = x^4 - 4x^2$, $(1, -3)$ 　（4） $y = \dfrac{x^2 - 1}{2x - 1}$, $(2, 1)$

問 2 曲線 $y = x^3$ の接線で，点 $(1, 5)$ を通るものの方程式を求めよ．

曲線のその上の点 P における接線があるとき，点 P を通って接線に垂直な直線のことを，その曲線の P における**法線**という．

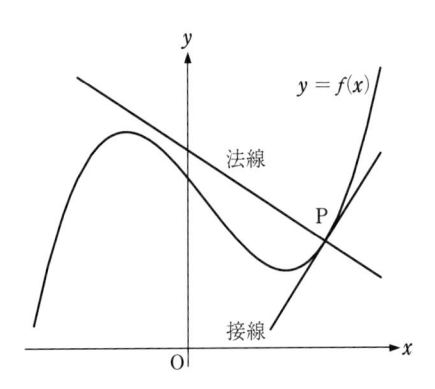

例題 2 曲線 $y = x^2 - 4x$ のその上の点 $(1, -3)$ における法線の方程式を求めよ．

解 $y' = 2x - 4$ より，$x = 1$ のとき，$y' = -2$．$(1, -3)$ における接線の傾きは -2 だから，法線の傾きは $-\dfrac{1}{-2} = \dfrac{1}{2}$ である．したがって，求める法線の方程式は，$y + 3 = \dfrac{1}{2}(x - 1)$，すなわち，$y = \dfrac{1}{2}x - \dfrac{7}{2}$．

問 3 次の曲線の，示された点における法線の方程式を求めよ．

（1） $y = x^3 - 2x$, $(1, -1)$　　（2） $y = \dfrac{x^2+3}{x+1}$, $(3, 3)$

2. 関数の増加・減少

　関数 $y = f(x)$ について，x の値が増加するとき y の値が変化するようすを，$y = f(x)$ の導関数を使って調べてみよう．まず，前節でも学んだように，$(a, f(a))$ におけるグラフの接線の傾きは $f'(a)$ であることに注意しよう．

　たとえば，$f(x) = x^2 - 2x + 2$ とすると，
$$f'(x) = 2x - 2 = 2(x - 1)$$
$a > 1$ のとき $f'(a) = 2(a-1) > 0$ より，$(a, f(a))$ における接線の傾きは正である．したがって，$x > 1$ となる範囲では，接線の傾きはつねに正でありグラフは右上がりになる．それゆえ，この範囲では，変数 x の値が増加するにつれて関数 $f(x)$ の値も増加することになる．

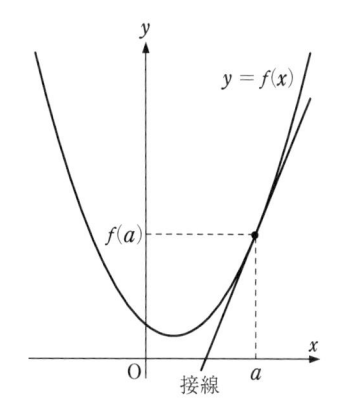

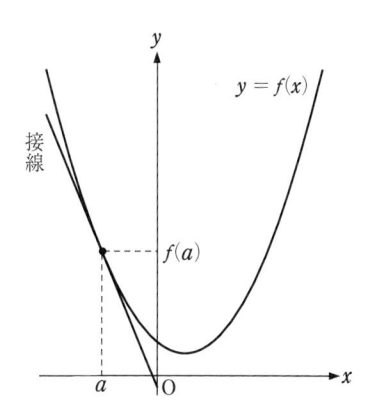

　また，$a < 1$ のとき $f'(a) = 2(a-1) < 0$ より，$(a, f(a))$ における接線の傾きは負である．したがって，$x < 1$ となる範囲では，接線の傾きはつねに負でありグラフは右下がりになる．それゆえ，この範囲では，変数 x の値が増加するにつれて関数 $f(x)$ の値は減少することになる．

　上で調べたことからもわかるように，一般に，次のことが成り立つ．

―― ●関数の増加・減少 ――――――――――――――――――
$f'(x) > 0$ となる区間において，関数 $f(x)$ は増加する．
$f'(x) < 0$ となる区間において，関数 $f(x)$ は減少する．
――――――――――――――――――――――――――

ここで，
$$0 < x < 3, \ -1 \leqq x \leqq 4, \ 1 < x \leqq 6, \ -3 \leqq x < 2,$$
$$x < -2, \ x > 5, \ x \leqq 5, \ x \geqq -2$$
のような実数 x の範囲を**区間**という．特に，$0 < x < 3$ のような区間を開区間といい $(0, 3)$ で表し，$-1 \leqq x \leqq 4$ のような区間を閉区間といい $[-1, 4]$ で表す．

例1 $y = x^3 - \dfrac{3}{2}x^2 - 6x$ の増減を調べてみよう．

$y' = 3x^2 - 3x - 6 = 3(x^2 - x - 2) = 3(x+1)(x-2)$

$(x+1)(x-2) > 0$ となる x の範囲は，$x < -1$ および $x > 2$

$(x+1)(x-2) < 0$ となる x の範囲は，$-1 < x < 2$

すなわち，
$$\begin{cases} x < -1 & \text{のとき，} y' > 0 \\ -1 < x < 2 & \text{のとき，} y' < 0 \\ 2 < x & \text{のとき，} y' > 0 \end{cases}$$

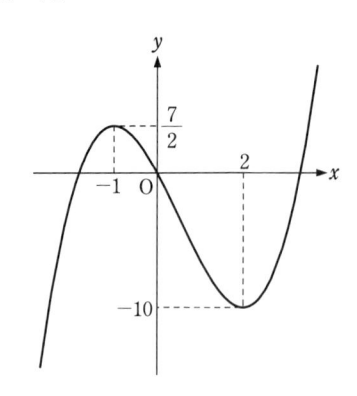

したがって，
$$\begin{cases} x < -1 & \text{のとき，増加} \\ -1 < x < 2 & \text{のとき，減少} \\ 2 < x & \text{のとき，増加} \end{cases}$$

である．

上の関数の増減を，次のような表で表す（この表を増減表という）．

x	$\cdots$	-1	$\cdots$	2	$\cdots$
y'	$+$	0	$-$	0	$+$
y	↗	$\dfrac{7}{2}$	↘	-10	↗

注意 $(x+1)(x-2)$ の符号を調べるのに，次の表のように，$x+1$ と $x-2$ の

符号から調べてもよい．

x	$\cdots$	-1	$\cdots$	2	$\cdots$
$x+1$	$-$	0	$+$		$+$
$x-2$	$-$		$-$	0	$+$
$(x+1)(x-2)$	$+$	0	$-$	0	$+$

3. 関数の極大・極小

前節の例1の関数 $y = x^3 - \dfrac{3}{2}x^2 - 6x$ については，y の値は

$$\begin{cases} x = -1 \text{の近くにおいて，} x = -1 \text{で最大，} \\ x = 3 \text{の近くにおいて，} x = 2 \text{で最小} \end{cases}$$

になっている．

一般に，関数 $f(x)$ の値が，

$$x = a \text{の近くにおいて，} f(x) < f(a) \quad (x \neq a)$$

となっているとき，つまり，$x = a$ の近くにおいて，$x = a$ で最大のとき，$f(x)$ は $x = a$ で**極大**であるといい，$f(a)$ を**極大値**という．また，

$$x = b \text{の近くにおいて，} f(x) > f(b) \quad (x \neq b)$$

となっているとき，つまり，$x = b$ の近くにおいて $x = b$ で最小のとき，$f(x)$ は $x = b$ で**極小**であるといい，$f(b)$ を**極小値**という．

極大値と極小値をあわせて単に**極値**という．

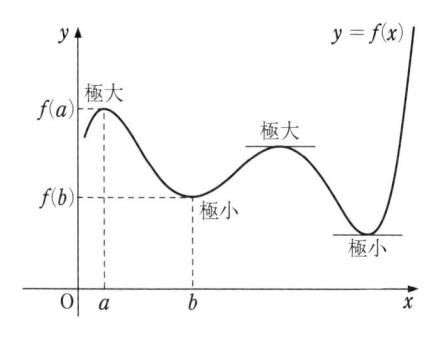

例1の関数 $y = x^3 - \dfrac{3}{2}x^2 - 6x$ については，y の値は，$x = -1$ で増加から

減少にかわっており（$x=-1$の左側で増加，右側で減少），$x=2$で減少から増加に変わっている（$x=2$の左側で減少，右側で増加）．このために，$x=-1$で極大，$x=2$で極小となっているのである．

また，図からもわかるように，$f(x)$が$x=a$で極値をもつとき，グラフの$(a, f(a))$における接線の傾きは0である．すなわち，接線の傾きは$f'(a)$であるから，$f'(a)=0$となる．

これからわかるように，一般に次のことが成り立つ．

●関数の極大・極小の判定

（ⅰ）$x=a$で極値をもてば，$f'(a)=0$
（ⅱ）$x=a$において，$f'(x)$が正から負に変わるとき，$x=a$で極大
　　　$x=a$において，$f'(x)$が負から正に変わるとき，$x=a$で極小

例題 3 関数 $y=x^3-3x^2+1$ の極大・極小を調べ，そのグラフをかけ．

解 $y'=3x^2-6x=3x(x-2)$
$x(x-2)>0$となるxの範囲は，$x<0$および$x>2$
$x(x-2)<0$となるxの範囲は$0<x<2$
これより，増減表は次のようになる．

x	$\cdots$	0	$\cdots$	2	$\cdots$
y'	$+$	0	$-$	0	$+$
y	↗	極大	↘	極小	↗

したがって，
$x=0$のとき，極大値 $y=1$
$x=2$のとき，極小値 $y=-3$
をとる．以上のことから，グラフは右図のようになる．

問 4 次の関数の極大・極小を調べ，そのグラフをかけ．
（1） $y=x^3-3x+3$ 　　　（2） $y=x^3-6x^2+9x$

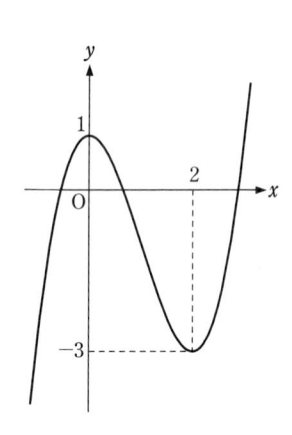

（3） $y = -x^3 - \dfrac{3}{2}x^2 + 6x$　　（4） $y = -x^3 + 3x^2 + 9x$

問 5　次の関数の極大・極小を調べよ．

（1） $y = 4x - \dfrac{1}{3}x^3$　　（2） $y = \dfrac{2}{3}x^3 - x^2 - 4x + 3$

（3） $y = x^3 - x^2 - x + 1$　　（4） $y = -2x^3 + \dfrac{3}{2}x^2 + 3x$

問 6　次の関数は極値をもたないことを示せ．

（1） $y = \dfrac{1}{3}x^3 + 2x^2 + 5x$　　（2） $y = x^3 - 3x^2 + 3x - 2$

例題 4　関数 $y = \dfrac{3}{4}x^4 - 2x^3 - \dfrac{3}{2}x^2 + 6x + 3$ の極大・極小を調べ，そのグラフをかけ．

解　$y' = 3x^3 - 6x^2 - 3x + 6 = 3(x^3 - 2x^2 - x + 2) = 3(x-1)(x^2 - x - 2)$
$= 3(x+1)(x-1)(x-2)$ より，y' の符号を調べると，

x	$\cdots$	-1	$\cdots$	1	$\cdots$	2	$\cdots$
$x+1$	$-$	0	$+$		$+$		$+$
$x-1$	$-$		$-$	0	$+$		$+$
$x-2$	$-$		$-$		$-$	0	$+$
y'	$-$	0	$+$	0	$-$	0	$+$

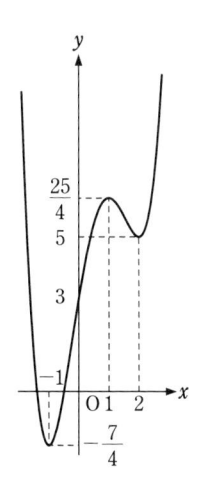

したがって，増減表は次のようになる．

x	$\cdots$	-1	$\cdots$	1	$\cdots$	2	$\cdots$
y'	$-$	0	$+$	0	$-$	0	$+$
y	↘	極小	↗	極大	↘	極小	↗

これより，この関数は，

$x = -1$ のとき，極小値 $y = -\dfrac{7}{4}$，

$x = 1$ のとき，極大値 $y = \dfrac{25}{4}$，

$x = 2$ のとき，極小値 $y = 5$

をとる．

また，$x=0$ のとき $y=3$ だから，グラフは $(0,3)$ を通る．以上のことから，グラフは図のようになる．

> **例題 5** 関数 $y=\dfrac{1}{4}x^4-x^3+4x$ の極大・極小を調べ，そのグラフをかけ．

解 $y'=x^3-3x^2+4=(x+1)(x^2-4x+4)=(x+1)(x-2)^2$

$(x-2)^2>0$ $(x\neq 2)$ に注意して，$y'=(x+1)(x-2)^2$ の符号を調べると，

x	$\cdots$	-1	$\cdots$	2	$\cdots$
$x+1$	$-$	0	$+$		$+$
$(x-2)^2$	$+$		$+$	0	$+$
y'	$-$	0	$+$	0	$+$

したがって，増減表は次のようになる．

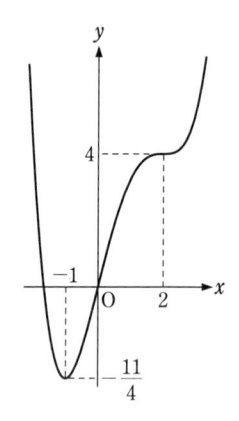

x	$\cdots$	-1	$\cdots$	2	$\cdots$
y'	$-$	0	$+$	0	$+$
y	↘	極小	↗		↗

これより，$x=-1$ のとき，

極小値 $y=-\dfrac{11}{4}$ をとる．

以上のことから，グラフは右の図のようになる．

注意 上の関数では，$x=2$ のとき $y'=0$ となっているが，$x=2$ で極値にはなっていない．これからわかるように，$f'(a)=0$ は，$f(x)$ が $x=a$ で極値をもつための必要条件であるが十分条件ではない（「$f(x)$ が $x=a$ で極値をもてば，$f'(a)=0$」は成り立つが，「$f'(a)=0$ ならば，$f(x)$ は $x=a$ で極値をもつ」は成り立たない）．

> **問 7** 次の関数の極大・極小を調べ，そのグラフをかけ．
> （1）$y=\dfrac{1}{2}x^4-\dfrac{8}{3}x^3+3x^2$ （2）$y=-\dfrac{3}{4}x^4+x^3+3x^2+1$

(3) $y = x^4 - \dfrac{4}{3}x^3 - 2x^2 + 4x$　　　(4) $y = -\dfrac{1}{4}x^4 + x^3$

問 8 次の関数の極大・極小を調べよ．

(1) $y = x^4 - 4x^3 - 2x^2 + 12x + 2$　　(2) $y = -\dfrac{3}{4}x^4 + x^3 + 6x^2 - 12x$

(3) $y = x^4 - 6x^2 + 7$　　(4) $y = \dfrac{1}{4}x^4 + \dfrac{4}{3}x^3 + \dfrac{1}{2}x^2 - 6x$

(5) $y = -\dfrac{1}{4}x^4 + \dfrac{7}{2}x^2 - 6x$　　(6) $y = x^4 - 2x^3 - 2x^2 + 1$

(7) $y = -\dfrac{1}{4}x^4 + \dfrac{3}{2}x^2 + 2x$　　(8) $y = \dfrac{1}{4}x^4 - \dfrac{1}{3}x^3 + x^2 - 2x$

4．最大・最小

前節例題 3 の関数 $y = x^3 - 3x^2 + 1$ は，$x = 0$ で極大値，$x = 2$ で極小値をとるが，最大値や最小値をとらない．x の範囲を制限しないと，いくらでも大きい値やいくらでも小さい値をとりうるからである．

$-1 \leqq x \leqq 4$ のような実数 x の範囲を閉区間といい，$[-1, 4]$ で表した（2節参照）．本節では，このような区間を**変域**（変数が動く範囲）とする関数の最大値・最小値について考える．

> **例題 6**　$-1 \leqq x \leqq 5$ を変域とするとき，$y = 2x^3 - 9x^2 + 10$ の最大値と最小値を求めよ．

解　$y' = 6x^2 - 18x = 6x(x-3)$ より，$-1 \leqq x \leqq 5$ の範囲で増減を調べると，

x	-1	$\cdots$	0	$\cdots$	3	$\cdots$	5
y'		$+$	0	$-$	0	$+$	
y	-1	↗	10	↘	-17	↗	35

したがって，$x = 5$ のとき最大値 $y = 35$，$x = 3$ のとき最小値 $y = -17$ をとる（$x = 0$ のとき，極大であるが最大ではない）．　■

問 9　次の関数の最大値と最小値を求めよ．ただし，変域は（ ）内に示された範囲とする．

(1) $y = x^3 - 12x$　（$[-3, 3]$）　　(2) $y = \dfrac{3}{2}x^4 - 8x^3 + 9x^2$　（$[0, 4]$）

問 10　座標平面において，点 P は放物線 $y = 6x - x^2$ 上を，原点 O$(0, 0)$ から点 $(6, 0)$ まで動くものとする．P から x 軸に下ろした垂線の足を Q とするとき，

△OPQ の面積の最大値を求めよ．

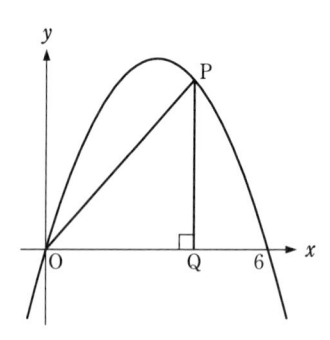

例題 7 $0 \leqq x \leqq 4$ を変域とするとき，$y = \dfrac{x^2+3}{x+1}$ の最大値と最小値を求めよ．

解 $y' = \dfrac{x^2+2x-3}{(x+1)^2} = \dfrac{(x+3)(x-1)}{(x+1)^2}$ より，$0 \leqq x \leqq 4$ の範囲で増減を調べると，

x	0	$\cdots$	1	$\cdots$	4
y'		$-$	0	$+$	
y	3	↘	2	↗	19/5

したがって，$x=4$ のとき最大値 $y = \dfrac{19}{5}$，$x=1$ のとき最小値 $y=2$ をとる．

例題 7 の解答には必要ないが，$y = \dfrac{x^2+3}{x+1}$ のグラフは次のようになっている．このグラフは，

$$\dfrac{x^2+3}{x+1} = x-1+\dfrac{4}{x+1}$$

より，$|x|$ が限りなく大きくなると，$y=x-1$ のグラフに限りなく近づく．

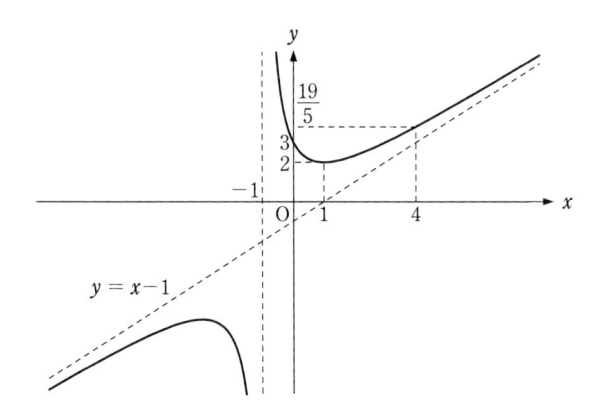

問 11　次の関数の最大値と最小値を求めよ．ただし，変域は（ ）内に示された範囲とする．

（1）　$y = \dfrac{x^2+6}{2x+1}$　（$[0, 10]$）　　　（2）　$y = \dfrac{x^2}{x^2-2x+2}$　（$[-1, 3]$）

問の答とヒント

問 1　（1）　$y = 10x - 16$　　　（2）$y = -2x$　　　（3）　$y = -4x + 1$
　　　（4）　$y = \dfrac{2}{3}x - \dfrac{1}{3}$

問 2　$y = 3x + 2$　（接点を(a, a^3)とすると接線は$y - a^3 = 3a^2(x - a)$．$(1, 5)$を通るから，$5 - a^3 = 3a^2(1 - a)$．これより$a = -1$）

問 3　（1）　$y = -x$　　　（2）　$y = -\dfrac{4}{3}x + 7$

問 4　（1）　$y' = 3x^2 - 3$
　　　　　　　$= 3(x+1)(x-1)$

x	$\cdots$	-1	$\cdots$	1	$\cdots$
y'	$+$	0	$-$	0	$+$
y	↗	極大	↘	極小	↗

$x = -1$のとき，極大値 $y = 5$
$x = 1$のとき，極小値 $y = 1$

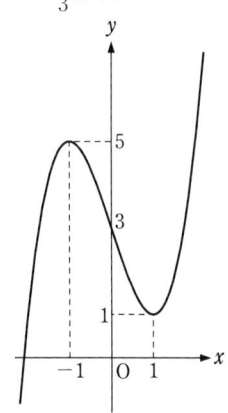

(2)　$y' = 3x^2 - 12x + 9$
　　　　$= 3(x-1)(x-3)$

x	$\cdots$	1	$\cdots$	3	$\cdots$
y'	+	0	−	0	+
y	↗	極大	↘	極小	↗

$x = 1$ のとき，極大値 $y = 4$
$x = 3$ のとき，極小値 $y = 0$

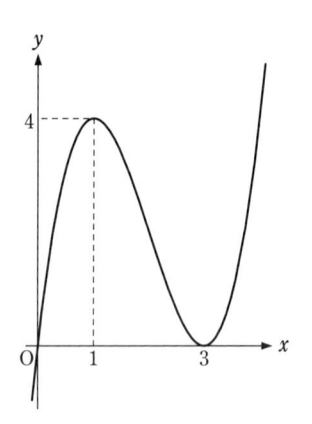

(3)　$y' = -3x^2 - 3x + 6$
　　　　$= -3(x+2)(x-1)$

x	$\cdots$	−2	$\cdots$	1	$\cdots$
y'	−	0	+	0	−
y	↘	極小	↗	極大	↘

$x = -2$ のとき，極大値 $y = -10$
$x = 1$ のとき，極小値 $y = \dfrac{7}{2}$

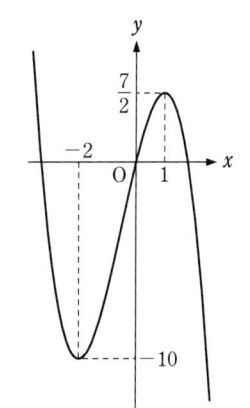

(4)　$y' = -3x^2 + 6x + 9$
　　　　$= -3(x+1)(x-3)$

x	$\cdots$	−1	$\cdots$	3	$\cdots$
y'	−	0	+	0	−
y	↘	極小	↗	極大	↘

$x = -1$ のとき，極大値 $y = -5$
$x = 3$ のとき，極小値 $y = 27$

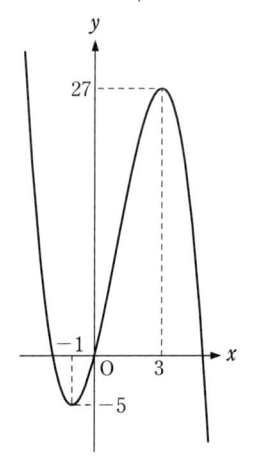

問 5 （1） $y' = 4-x^2 = -(x+2)(x-2)$

x	$\cdots$	-2	$\cdots$	2	$\cdots$
y'		$-$	0	$+$	0	$-$
y		$\searrow$	極小	$\nearrow$	極大	$\searrow$

$x = -2$ のとき，極小値 $y = -\dfrac{16}{3}$

$x = 2$ のとき，極大値 $y = \dfrac{16}{3}$

（2） $y' = 2x^2-2x-4 = 2(x+1)(x-2)$

x	$\cdots$	-1	$\cdots$	2	$\cdots$
y'	$+$	0	$-$	0	$+$
y	$\nearrow$	極大	$\searrow$	極小	$\nearrow$

$x = -1$ のとき，極大値 $y = \dfrac{16}{3}$

$x = 2$ のとき，極小値 $y = -\dfrac{11}{3}$

（3） $y' = 3x^2-2x-1 = (3x+1)(x-1)$

x	$\cdots$	$-1/3$	$\cdots$	1	$\cdots$
y'	$+$	0	$-$	0	$+$
y	$\nearrow$	極大	$\searrow$	極小	$\nearrow$

$x = -\dfrac{1}{3}$ のとき，極大値 $y = \dfrac{32}{27}$

$x = 1$ のとき，極小値 $y = 0$

（4） $y' = -6x^2+3x+3 = -3(2x+1)(x-1)$

x	$\cdots$	$-1/2$	$\cdots$	1	$\cdots$
y'	$-$	0	$+$	0	$-$
y	$\searrow$	極小	$\nearrow$	極大	$\searrow$

$x = -\dfrac{1}{2}$ のとき，極小値 $y = -\dfrac{7}{8}$

$x = 1$ のとき，極大値 $y = \dfrac{5}{2}$

問 6 （1） $y' = x^2+4x+5 = (x+2)^2+1 > 0$ より，$y' = 0$ となる x は存在しないから，極値をもたない．

（2） $y' = 3x^2-6x+3 = 3(x-1)^2$ より $x \neq 1$ のとき $y' > 0$．したがって，$x < 1$ および $1 < x$ で増加であり，$x = 1$ でも極値をもたない．

問 7 （1） $y' = 2x^3 - 8x^2 + 6x$
$= 2x(x-1)(x-3)$

x	$\cdots$	0	$\cdots$	1	$\cdots$	3	$\cdots$
y'		$-$	0	$+$	0	$-$	0	$+$
y	$\searrow$	極小	$\nearrow$	極大	$\searrow$	極小	$\nearrow$

$x = 0$ のとき，極小値 $y = 0$
$x = 1$ のとき，極大値 $y = \dfrac{5}{6}$
$x = 3$ のとき，極小値 $y = -\dfrac{9}{2}$

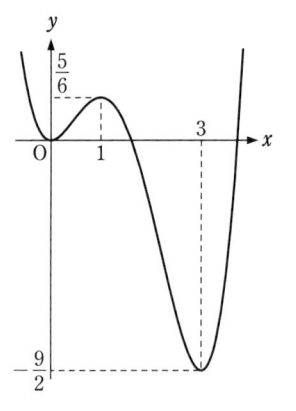

（2） $y' = -3x^3 + 3x^2 + 6x$
$= -3(x+1)x(x-2)$

x	$\cdots$	-1	$\cdots$	0	$\cdots$	2	$\cdots$
y'	$+$	0	$-$	0	$+$	0	$-$
y	$\nearrow$	極大	$\searrow$	極小	$\nearrow$	極大	$\searrow$

$x = -1$ のとき，極大値 $y = \dfrac{9}{4}$
$x = 0$ のとき，極小値 $y = 1$
$x = 2$ のとき，極大値 $y = 9$

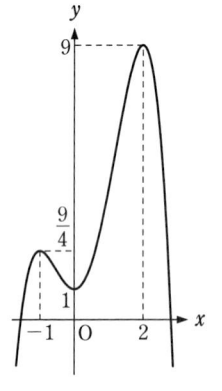

（3） $y' = 4x^3 - 4x^2 - 4x + 4$
$= 4(x+1)(x-1)^2$

x	$\cdots$	-1	$\cdots$	1	$\cdots$
y'	$-$	0	$+$	0	$+$
y	$\searrow$	極小	$\nearrow$		$\nearrow$

$x = -1$ のとき，極小値 $y = -\dfrac{11}{3}$

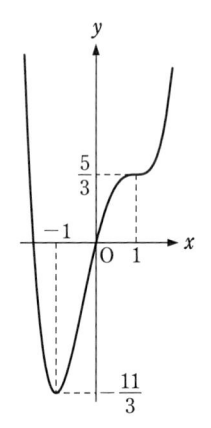

（4） $y' = -x^3 + 3x^2$
$ = -x^2(x-3)$

x	$\cdots$	0	$\cdots$	3	$\cdots$
y'		+	0	+	0	−
y		↗		↗	極大	↘

$x = 3$ のとき，極大値 $y = \dfrac{27}{4}$

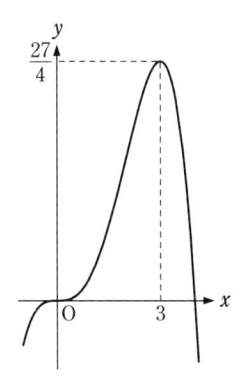

問 8 （1） $y' = 4x^3 - 12x^2 - 4x + 12 = 4(x^3 - 3x^2 - x + 3)$
$ = 4(x+1)(x-1)(x-3)$

x	$\cdots$	-1	$\cdots$	1	$\cdots$	3	$\cdots$
y'	−	0	+	0	−	0	+
y	↘	極小	↗	極大	↘	極小	↗

$x = -1$ のとき，極小値 $y = -7$
$x = 1$ のとき，極大値 $y = 9$
$x = 3$ のとき，極小値 $y = -7$

（2） $y' = -3x^3 + 3x^2 + 12x - 12 = -3(x^3 - x^2 - 4x + 4)$
$ = -3(x+2)(x-1)(x-2)$

x	$\cdots$	-2	$\cdots$	1	$\cdots$	2	$\cdots$
y'	+	0	−	0	+	0	−
y	↗	極大	↘	極小	↗	極大	↘

$x = -2$ のとき，極大値 $y = 28$
$x = 1$ のとき，極小値 $y = -\dfrac{23}{4}$
$x = 2$ のとき，極大値 $y = -4$

（3） $y' = 4x^3 - 12x = 4x(x^2 - 3) = 4(x+\sqrt{3})x(x-\sqrt{3})$

x	$\cdots$	$-\sqrt{3}$	$\cdots$	0	$\cdots$	$\sqrt{3}$	$\cdots$
y'	−	0	+	0	−	0	+
y	↘	極小	↗	極大	↘	極小	↗

$x = -\sqrt{3}$ のとき，極小値 $y = -2$
$x = 0$ のとき，極大値 $y = 7$
$x = \sqrt{3}$ のとき，極小値 $y = -2$

（4） $y' = x^3 + 4x^2 + x - 6 = (x-1)(x^2 + 5x + 6) = (x+3)(x+2)(x-1)$

x	$\cdots$	-3	$\cdots$	-2	$\cdots$	1	$\cdots$
y'	−	0	+	0	−	0	+
y	↘	極小	↗	極大	↘	極小	↗

$x = -3$ のとき，極小値 $y = \dfrac{27}{4}$
$x = -2$ のとき，極大値 $y = \dfrac{22}{3}$
$x = 1$ のとき，極小値 $y = -\dfrac{47}{12}$

（5） $y' = -x^3+7x-6 = -(x^3-7x+6) = -(x+3)(x-1)(x-2)$

x	$\cdots$	-3	$\cdots$	1	$\cdots$	2	$\cdots$
y'		$+$	0	$-$	0	$+$	0	$-$
y	$\nearrow$	極大	$\searrow$	極小	$\nearrow$	極大	$\searrow$

$x=-3$ のとき，極大値 $y=\dfrac{117}{4}$

$x=1$ のとき，極小値 $y=-\dfrac{11}{4}$

$x=2$ のとき，極大値 $y=-2$

（6） $y' = 4x^3-6x^2-4x = 2x(2x^2-3x-2) = 4\left(x+\dfrac{1}{2}\right)x(x-2)$

x	$\cdots$	$-\dfrac{1}{2}$	$\cdots$	0	$\cdots$	2	$\cdots$
y'	$-$	0	$+$	0	$-$	0	$+$
y	$\searrow$	極小	$\nearrow$	極大	$\searrow$	極小	$\nearrow$

$x=-\dfrac{1}{2}$ のとき，極小値 $y=\dfrac{13}{16}$

$x=0$ のとき，極大値 $y=1$

$x=2$ のとき，極小値 $y=-7$

（7） $y' = -x^3+3x+2 = -(x-2)(x^2+2x+1) = -(x+1)^2(x-2)$

x	$\cdots$	-1	$\cdots$	2	$\cdots$
y'	$+$	0	$+$	0	$-$
y	$\nearrow$		$\nearrow$	極大	$\searrow$

$x=2$ のとき，極大値 $y=6$

（8） $y' = x^3-x^2+2x-2 = (x-1)(x^2+2)$

x	$\cdots$	1	$\cdots$
y'	$-$	0	$+$
y	$\searrow$	極小	$\nearrow$

$x=1$ のとき，極小値 $y=-\dfrac{13}{12}$

問 9（1） $y' = 3x^2-12x = 3(x^2-4) = 3(x+2)(x-2)$

x	-3	$\cdots$	-2	$\cdots$	2	$\cdots$	3
y'		$+$	0	$-$	0	$+$	
y	9	$\nearrow$	16	$\searrow$	-16	$\nearrow$	-9

$x=-2$ のとき，最大値 $y=16$

$x=2$ のとき，最小値 $y=-16$

（2） $y' = 6x^3-24x^2+18x = 6x(x^2-4x+3) = 6x(x-1)(x-3)$

x	0	$\cdots$	1	$\cdots$	3	$\cdots$	4
y'		$+$	0	$-$	0	$+$	
y	0	$\nearrow$	$\dfrac{5}{2}$	$\searrow$	$-\dfrac{27}{2}$	$\nearrow$	16

$x=4$ のとき，最大値 $y=16$

$x=3$ のとき，最小値 $y=-\dfrac{27}{2}$

問 10
P$(x, 6x-x^2)$，△OPQ の面積を $f(x)$ とすると，
$f(x) = \frac{1}{2}x(6x-x^2) = -\frac{1}{2}x^3+3x^2$, $y' = -\frac{3}{2}x^2+6x = -\frac{3}{2}x(x-4)$

x	0	⋯	4	⋯	6
y'		+	0	−	
y	0	↗	16	↘	0

増減表より，最大値は $f(4) = 16$

問 11 （1） $y' = \dfrac{2(x^2+x-6)}{(2x+1)^2} = \dfrac{2(x+3)(x-2)}{(2x+1)^2}$

x	0	⋯	2	⋯	10
y'		−	0	+	
y	6	↘	2	↗	$\dfrac{106}{21}$

$x = 0$ のとき，最大値 $y = 6$
$x = 2$ のとき，最小値 $y = 2$

（2） $y' = \dfrac{-2x^2+4x}{(x^2-2x+2)^2} = \dfrac{-2x(x-2)}{(x^2-2x+2)^2}$

x	−1	⋯	0	⋯	2	⋯	3
y'		−	0	+	0	−	
y	$\dfrac{1}{5}$	↘	0	↗	2	↘	$\dfrac{9}{5}$

$x = 2$ のとき，最大値 $y = 2$
$x = 0$ のとき，最小値 $y = 0$

10

集合と命題

1. 集 合

数学の論理的側面を理解するためには，集合を使って考えるのが最もわかりやすく自然であろう．ここでは，集合の基本事項と数学における論証の基礎について学ぶ．

集合と要素　5より大きくて12以下の偶数の集まりとか，整数全体の集まりのようにそれに属するものがはっきりしているものの集まりを**集合**という．数で最も基本的なものは，自然数（正の整数を自然数という）と整数である．以下では，自然数全体の集合を $\mathbb{N}$，整数全体の集合を $\mathbb{Z}$ で表す．

注　大きな数の集まりのようなものは，集合とは考えない．「大きい」という意味をはっきりさせることができないからである．別の例をあげれば，「眼鏡をかけている人全体の集まり」は集合であるが，「背の高い人全体の集まり」は集合ではない．

集合に属する1つ1つのものを，その集合の**要素**（または**元**）という．たとえば，5より大きくて12以下の偶数の集合を A とすると，6, 8, 10, 12 は A の要素であり，それ以外のものは A の要素でない．したがって，この集合 A は

　　　　　　要素が 6, 8, 10, 12 である集合

ということもできる．

x が集合 X の要素であるとき，**x は X に属する**（または **X は x を含む**）という．x が X の要素であることを

$$x \in X \quad (\text{または } X \ni x)$$

のように記号 $\in$ を使って表す．

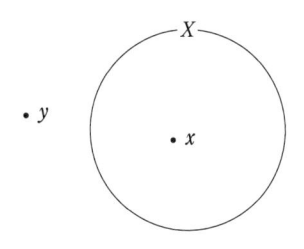

逆に，y が X の要素でないことを
$$y \notin X \quad (\text{または } X \not\ni y)$$
のように記号 $\notin$ を使って表す．たとえば，上の集合 A については，$6 \in A$, $10 \in A$, $4 \notin A$, $11 \notin A$ である．

問 1 10 以上で 20 以下の奇数の集合を A とする．9, 13, 16 に対し，A の要素であるかないかを調べ，記号 $\in$, $\notin$ を使って表せ．

▎**集合の表し方** ▎　集合の表し方としては，次の 2 通りの方法がある．
（ⅰ）　要素をすべて書き並べて表す方法　（外延的記述法）
（ⅱ）　要素の条件を述べて表す方法　　　（内包的記述法）

たとえば，-1 以上で 4 より小さい整数の集合を A とするとき，$-1, 0, 1, 2, 3$ が A の要素のすべてである．このとき，

(Ⅰ) $$A = \{-1, 0, 1, 2, 3\}$$

のように，その要素をすべて書き並べるのが（ⅰ）の表し方である．一方，
$$A = \{x : x \text{ は} -1 \text{ 以上で } 4 \text{ より小さい整数}\}$$
は，（ⅱ）の表し方である．すなわち，$P(x)$ を x に関する条件とするとき，**条件 $P(x)$ をみたす x 全体の集合**を
$$\{x : P(x)\}$$
のように表すのが（ⅱ）の表し方である．上の A は，

(Ⅱ) $$A = \{x : -1 \leqq x < 4, x \in \mathbb{Z}\}$$

とも表される．また，平方が 10 より小さい自然数の集合を B とすると，

(Ⅱ′) $$B = \{x : x^2 < 10, x \in \mathbb{N}\}$$

のように表される．多くの場合，(Ⅱ), (Ⅱ′) のような（ⅱ）の表し方が用い

られる．

問 2 次の集合を，上の（I）のように要素を書き並べて表せ．
(1) 5より小さい自然数の集合 A　　(2) 12の正の約数の集合 B
(3) 平方が5より小さい整数の集合 C

問 3 問2の集合 A, B, C を上の(II), (II′)のような(ii)の表し方で表せ．

（i）の表し方の特殊なものとして，自然数の集合 $\mathbb{N}$ を
(I′) $$\mathbb{N} = \{1, 2, 3, \cdots\}$$
のように…を使って表すこともある（…の意味がはっきりしない場合は，この表し方を使わない方がよい）．同じように，2の倍数の集合 S は，
$$S = \{\cdots, -4, -2, 0, 2, 4, \cdots\}$$
のように表される．また，(ii)の表し方を使って，この S を
(II″) $$S = \{2n : n \in \mathbb{Z}\}$$
のように表すこともできる．

問 4 次の集合を，上の(I′)のように要素を書き並べて表せ．
(1) $A = \{3n : n \in \mathbb{N}\}$　　(2) $B = \{4x - 3 : x \in \mathbb{N}\}$

問 5 次の集合を，上の(II″)のような(ii)の表し方で表せ．
(1) 5の倍数の集合 A　　(2) 正の奇数の集合 B
(3) 4で割ると余りが1である自然数の集合 C

▌**部分集合**▌　2つの集合 A, B に対し，
$$x \in A \text{ ならば } x \in B$$
のとき，言い換えれば，

A のどの要素も B の要素となっている

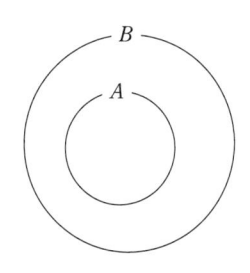

第10章　集合と命題

とき，A は B の**部分集合**である（または B は A を含む）といい，
$$A \subset B \quad (\text{または } B \supset A)$$
と表す．

注 書物によっては，部分集合を表す記号として，$\subseteqq$, $\supseteqq$ を用いているものもある．

例1 $A = \{2, 5, 7\}$, $B = \{2, 4, 5, 7, 8\}$ のとき，A は B の部分集合である．記号 $\subset$ を使えば，$A \subset B$ である．

例2 自然数の集合 $\mathbb{N}$ と整数の集合 $\mathbb{Z}$ については，$\mathbb{N}$ は $\mathbb{Z}$ の部分集合，つまり $\mathbb{N} \subset \mathbb{Z}$, である．

例3 2の倍数の集合 $S = \{2n : n \in \mathbb{Z}\}$ と6の倍数の集合 $T = \{6n : n \in \mathbb{Z}\}$ については，$T \subset S$ である．

例4 $A \subset B$ かつ $B \subset C$ のとき，$A \subset C$ が成り立つ．

問6 $A = \{1, 2, 3, 4\}$, 12 の正の約数の集合 B, 24 の正の約数の集合 C について，部分集合の関係にあるものを記号 $\subset$ を使って表せ．

問7 $A = \{4n : n \in \mathbb{N}\}$, $B = \{6n : n \in \mathbb{N}\}$, $C = \{12n : n \in \mathbb{N}\}$ について，部分集合の関係にあるものを，記号 $\subset$ を使って表せ．

2つの集合 A, B について，A の要素全体と B の要素全体が一致するとき，A と B は**等しい**といい，$A = B$ と表す．A と B が等しくないとき，$A \neq B$ と表す．

部分集合の定義から，$A \subset B$ は，"A のどの要素も B の要素である" ことを意味する．これは，$B = A$ のときでも成り立つ．したがって，$A \subset A$ が成り立つ．つまり，どんな集合もそれ自身の部分集合である．

上でみたように，$A = B$ のとき，"$A \subset B$ かつ $A \supset B$" である．逆に，"$A \subset B$ かつ $A \supset B$" のとき，"A のどの要素も B の要素でありかつ B のどの要素も A の要素である"．したがって，A の要素全体と B の要素全体が一致するので，$A = B$ である．つまり，"$A = B$" と "$A \subset B$ かつ $A \supset B$" は，同じことである．

(∗) 　　　　"$A = B$" $\iff$ "$A \subset B$ かつ $A \supset B$"

問8 上の (∗) を使って，$A \subset B$ かつ $B \subset C$ かつ $C \subset A$ のとき，$A = B =$

C となることを示せ．

共通部分と合併集合　　2つの集合 A, B に対し，A の要素でありしかも B の要素であるものの集合を A と B の**共通部分**（あるいは，交わり）といい，$A \cap B$ で表す．すなわち，
$$A \cap B = \{x : x \in A \text{ かつ } x \in B\}$$

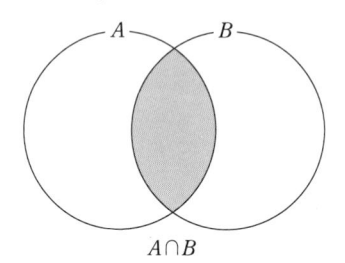

注　上の表記で，普通は，'かつ' を省略する．

例5　$A = \{1, 3, 5, 6, 9\}$, $B = \{2, 3, 4, 5, 6, 8\}$ のとき，$A \cap B = \{3, 5, 6\}$ である．

例6　$A = \{x : 5 < x \leqq 20, x \in \mathbb{N}\}$, $B = \{x : 10 \leqq x < 30, x \in \mathbb{N}\}$ のとき，$A \cap B = \{x : 10 \leqq x \leqq 20, x \in \mathbb{N}\}$ である．

例7　2の倍数の集合 $A = \{2n : n \in \mathbb{Z}\}$ と3の倍数の集合 $B = \{3n : n \in \mathbb{Z}\}$ に対し，$A \cap B = \{6n : n \in \mathbb{Z}\}$，すなわち $A \cap B$ は6の倍数の集合である．

2つの集合 A, B に対し，A と B の少なくとも一方の要素であるものの集合を A と B の**合併集合**（あるいは，結び）といい，$A \cup B$ で表す．すなわち，
$$A \cup B = \{x : x \in A \text{ または } x \in B\}$$

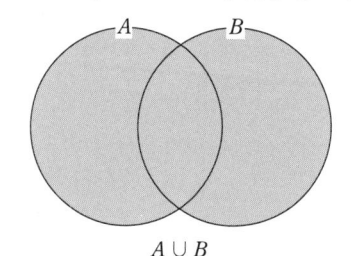

例8 $A = \{1, 3, 6, 7\}$, $B = \{3, 7, 8\}$ のとき, $A \cup B = \{1, 3, 6, 7, 8\}$ である.

例9 $A = \{x : 5 < x \leq 20, x \in \mathbb{N}\}$, $B = \{x : 10 \leq x < 30, x \in \mathbb{N}\}$ のとき, $A \cup B = \{x : 5 < x < 30, x \in \mathbb{N}\}$ である.

容易にわかるように, 2 つの集合 A, B について,
$$A \cap B \subset A, \quad A \cap B \subset B, \quad A \subset A \cup B, \quad B \subset A \cup B$$
が成り立つ. また,
$$A \subset B \text{ のとき, } A \cup B = B, \quad A \cap B = A$$
が成り立つ.

問 9 次の集合について, その共通部分と合併集合を求めよ.
(1) $A = \{2, 5, 7\}$, $B = \{1, 2, 5, 6, 7, 8\}$
(2) $A = \{2, 3, 5, 7, 9\}$, $B = \{1, 4, 6, 7, 8\}$
(3) $A = \{x : 9 < x \leq 100, x \in \mathbb{N}\}$, $B = \{x : 5 < x \leq 50, x \in \mathbb{N}\}$
(4) $P = \{x : x < 20, x \in \mathbb{Z}\}$, $Q = \{x : x \leq 30, x \in \mathbb{Z}\}$
(5) $S = \{x : x \text{ は } 18 \text{ の正の約数}\}$, $T = \{x : x \text{ は } 24 \text{ の正の約数}\}$

問 10 次の A, B について, $A \cap B$ を求めよ.
(1) $A = \{3n : n \in \mathbb{N}\}$, $B = \{4n : n \in \mathbb{N}\}$
(2) $A = \{4n : n \in \mathbb{N}\}$, $B = \{6n : n \in \mathbb{N}\}$
(3) $A = \{x : x \text{ は } 600 \text{ の正の約数}\}$, $B = \{x : x \text{ は } 900 \text{ の正の約数}\}$

問 11 $A \cap B = A$ のとき, A と B の間にはどのような関係があるか. また, $A \cup B = A$ の場合はどうか.

$A = \{1, 4, 5, 8\}$, $B = \{2, 3, 6, 7\}$ のとき, A と B には, 共通の要素はない. したがって, $A \cap B$ は要素をもたない. このような要素をもたないものも集合の特別な場合と考えて, **空集合**といい $\emptyset$ で表す. したがって, 上の A, B については, $A \cap B = \emptyset$ である. 一般に, 2 つの集合 A, B が $A \cap B = \emptyset$ をみたすとき, A と B は**互いに素である**(あるいは, 交わらない)という.

例10 $A = \{2n : n \in \mathbb{N}\}$, $B = \{2n-1 : n \in \mathbb{N}\}$ のとき, $A \cap B = \emptyset$ である.

問 12 次の A, B について, $A \cap B = \emptyset$ か $A \cap B \neq \emptyset$ かを調べよ.
(1) $A = \{3n-2 : n \in \mathbb{N}\}$, $B = \{3n : n \in \mathbb{N}\}$

1. 集合　97

(2) $A = \{x : x \leqq 6, x \in \mathbb{N}\}$,　　$B = \{x : x \geqq 5, x \in \mathbb{N}\}$
(3) $A = \{x : x < 6, x \in \mathbb{N}\}$,　　$B = \{x : x > 5, x \in \mathbb{N}\}$

$A \cap B \neq \emptyset$ のとき，$A \cap B \subset A$ が成り立つ．$A \cap B = \emptyset$ のときも，$A \cap B \subset A$ が成り立つと考えるのが自然であろう．このような理由から，**空集合 $\emptyset$ は，どんな集合に対してもその部分集合である**（つまり，どんな集合 A に対しても，$\emptyset \subset A$）と決めておく．

例 11　集合 $\{1, 2\}$ の部分集合は全部で次の 4 つである．
$$\emptyset, \quad \{1\}, \quad \{2\}, \quad \{1, 2\}$$

問 13　$\{1, 2, 3\}$ の部分集合をすべて書き並べよ．また，$\{1, 2, 3, 4\}$ の部分集合は全部でいくつあるか．

3 つ以上の集合についてもそれらの共通部分や合併集合を考えることができる．3 つの集合 A, B, C については次の通りである．$(A \cap B) \cap C$，$(B \cap C) \cap A$，$(A \cap C) \cap B$ の 3 つはまったく同じ集合でありそれを単に $A \cap B \cap C$ と表す．このとき，
$$A \cap B \cap C = \{x : x \in A \text{ かつ } x \in B \text{ かつ } x \in C\}$$
である．また，$(A \cup B) \cup C$，$(B \cup C) \cup A$，$(A \cup C) \cup B$ の 3 つはまったく同じ集合であり，それを単に $A \cup B \cup C$ と表す．このとき，
$$A \cup B \cup C = \{x : x \in A \text{ または } x \in B \text{ または } x \in C\}$$
である．

問 14　$A = \{x : x \text{ は } 12 \text{ の正の約数}\}$，$B = \{x : x \text{ は } 15 \text{ の正の約数}\}$，$C = \{x : x \text{ は } 18 \text{ の正の約数}\}$ のとき，$A \cap B \cap C$，$A \cup B \cup C$ を求めよ．

一般に，3 つの集合について，次が成り立つ．

$$A \cap (B \cup C) = (A \cap B) \cup (A \cap C)$$
$$A \cup (B \cap C) = (A \cup B) \cap (A \cup C)$$

■ 補集合 ■　たとえば，自然数の約数や倍数について調べる場合，対象とな

る数を自然数に限定して考える．このように，1つの決まった集合 U があって，U に属する要素や U の部分集合ばかりを考えるとき，この U のことを**全体集合**という．

全体集合 U の部分集合 A に対し，

U の要素で A の要素でないもの全体の集合

を（U に関する）A の**補集合**といい，$\overline{A}$ で表す．つまり，
$$\overline{A} = \{x : x \notin A\}$$

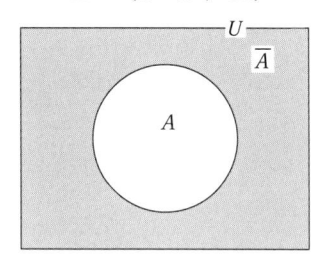

注 正確には $\{x : x \notin A, x \in U\}$ と書くべきであるが，U の要素に限定しているので，"$x \in U$" を省略する

例12 $\{1, 2, 3, 5, 6, 7, 9\}$ を全体集合とするとき，$A = \{1, 3, 6, 7\}$ に対し，$\overline{A} = \{2, 5, 9\}$ である．

例13 $\mathbb{N}$ を全体集合とするとき，正の偶数の集合 $A = \{2n : n \in \mathbb{N}\}$ の補集合 $\overline{A}$ は正の奇数の集合 $\{2n-1 : n \in \mathbb{N}\}$ である．

問 15 次の U, A について，U を全体集合として，$\overline{A}$ を求めよ．
 (1) $U = \{1, 3, 5, 6, 7, 9, 10\}$, $A = \{1, 5, 7, 9\}$
 (2) $U = \{x : x \leq 20, x \in \mathbb{N}\}$, $A = \{x : x < 10, x \in \mathbb{N}\}$
 (3) $U = \{2n : n \in \mathbb{N}\}$, $A = \{4n : n \in \mathbb{N}\}$

問 16 $U = \{x : x \leq 10, x \in \mathbb{N}\}$, $A = \{2, 3, 4, 5, 6\}$, $B = \{5, 6, 7, 8, 9\}$ とする．U を全体集合として，$\overline{A}$, $\overline{B}$, $A \cap \overline{B}$, $\overline{A} \cap B$, $\overline{A} \cap \overline{B}$ を求めよ．

問 17 全体集合 U の部分集合 A に対し，$A \cap \overline{A}$, $A \cup \overline{A}$, $(\overline{\overline{A}})$ はどんな集合となるか．

U を全体集合とし，A, B を U の部分集合とする．このとき，U は次の 4 つの部分からなる：

 (ア) $A \cap B$ (イ) $A \cap \overline{B}$ (ウ) $\overline{A} \cap B$ (エ) $\overline{A} \cap \overline{B}$

ここで，$A \cup B$ は(ア)，(イ)，(ウ)の 3 つの部分からなるので，その補集合

1．集　　合　99

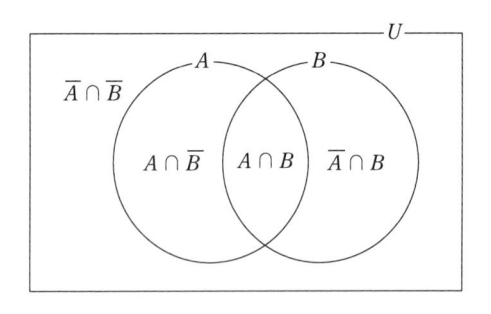

$\overline{A \cup B}$ は（エ）と一致する．したがって，"$\overline{A \cup B} = \overline{A} \cap \overline{B}$"が成り立つ．また，$\overline{A} \cup \overline{B}$ は（イ），（ウ），（エ）の3つの部分からなるので，$\overline{A} \cup \overline{B}$ は（ア）の補集合と一致する．したがって，"$\overline{A \cap B} = \overline{A} \cup \overline{B}$"が成り立つ．これらは，ド・モルガン（de Morgan）の法則とよばれる．

―― ●ド・モルガンの法則 ――
$$\overline{A \cup B} = \overline{A} \cap \overline{B}, \quad \overline{A \cap B} = \overline{A} \cup \overline{B}$$

2. 集合の要素の個数

有限集合と要素の個数 有限個の要素からなる集合を**有限集合**という．また，要素が無限にある集合を**無限集合**という．ここでは，有限集合の要素の個数について考える．

有限集合 A に対し，A の要素の個数を $n(A)$ で表す．空集合 $\emptyset$ については，$n(\emptyset) = 0$ である．

例14 $A = \{x : -1 \leqq x \leqq 3, x \in \mathbb{Z}\}$ のとき，$A = \{-1, 0, 1, 2, 3\}$ であり，$n(A) = 5$ である．$B = \{x : x \text{ は } 18 \text{ の正の約数}\}$ のとき，$B = \{1, 2, 3, 6, 9, 18\}$ であり，$n(B) = 6$ である．

> **例題1** $A = \{x : x \text{ は } 3 \text{ の倍数}, 10 \leqq x < 100\}$ のとき，A の要素の個数を求めよ．

解 A の要素を，整数 n を使って $3n$ とおくと，$10 \leqq 3n < 100$．したがって，$4 \leqq n \leqq 33$．これより，
$$A = \{3n : 4 \leqq n \leqq 33, n \in \mathbb{N}\} = \{3 \cdot 4, 3 \cdot 5, 3 \cdot 6, \cdots, 3 \cdot 33\}$$

となり，$n(A) = 33-3 = 30$ である．

問 18 次の集合の要素の個数を求めよ．
（1） $A = \{x : 3 \leqq \sqrt{x} \leqq 4, x \in \mathbb{N}\}$ （2） $B = \{x : x \text{ は } 24 \text{ の正の約数}\}$
（3） $C = \{x : x \text{ は } 6 \text{ の倍数}, 10 \leqq x < 200\}$
（4） $P = \{x : x \text{ は } 5 \text{ の倍数}, 100 \leqq x < 1000\}$
（5） $Q = \{x : x \text{ を } 5 \text{ で割ると } 2 \text{ 余る}, 10 \leqq x < 200\}$

例 15 $A = \{x : x \text{ は } 288 \text{ の正の約数}\}$ とする．288 を素因数分解すると，$288 = 2^5 \cdot 3^2$ となる．したがって，288 の約数の 1 つ 1 つは，$2^k \cdot 3^l$ ($0 \leqq k \leqq 5, 0 \leqq l \leqq 2$) と表される ($2^0 = 3^0 = 1$ に注意)．これより，288 の約数をすべて書き並べると，

$l \backslash k$	0	1	2	3	4	5
0	1	2	2^2	2^3	2^4	2^5
1	3	$2 \cdot 3$	$2^2 \cdot 3$	$2^3 \cdot 3$	$2^4 \cdot 3$	$2^5 \cdot 3$
2	3^2	$2 \cdot 3^2$	$2^2 \cdot 3^2$	$2^3 \cdot 3^2$	$2^4 \cdot 3^2$	$2^5 \cdot 3^2$

ゆえに，$n(A) = (5+1)(2+1) = 6 \cdot 3 = 18$ となる．

上の例からわかるように，一般に，次のことが成り立つ．
p, q, r を相異なる素数，k, l, m を自然数とするとき，
（i） $p^k \cdot q^l$ の正の約数の個数は，$(k+1)(l+1)$
（ii） $p^k \cdot q^l \cdot r^m$ の正の約数の個数は，$(k+1)(l+1)(m+1)$

例題 2 $A = \{x : x \text{ は } 2700 \text{ の正の約数}\}$ のとき，A の要素の個数を求めよ．

解 2700 を素因数分解すると，$2700 = 2^2 \cdot 3^3 \cdot 5^2$ となる．したがって，$n(A) = (2+1)(3+1)(2+1) = 3 \cdot 4 \cdot 3 = 36$ である．

問 19 次の集合の要素の個数を求めよ．
（1） $A = \{x : x \text{ は } 2000 \text{ の正の約数}\}$
（2） $A = \{x : x \text{ は } 5184 \text{ の正の約数}\}$
（3） $A = \{x : x \text{ は } 1800 \text{ の正の約数}\}$
（4） $A = \{x : x \text{ は } 36000 \text{ の正の約数}\}$
（5） $A = \{x : x \text{ は } 50400 \text{ の正の約数}\}$

■ **合併集合の要素の個数** ■ 2つの集合 A, B に対し，$n(A)$, $n(B)$, $n(A \cap B)$ がわかっているとき，$n(A \cup B)$ について調べてみよう．

補集合の項で調べたように，$A \cup B$ は，
$$A \cap \bar{B}, \quad \bar{A} \cap B \quad \text{および} \quad A \cap B$$
の3つの部分からなる．また，$n(A) = a$, $n(B) = b$, $n(A \cap B) = c$ とおくと，
$$n(A \cap \bar{B}) = a - c, \quad n(\bar{A} \cap B) = b - c$$
である．したがって，
$$\begin{aligned} n(A \cup B) &= n(A \cap \bar{B}) + n(\bar{A} \cap B) + n(A \cap B) \\ &= (a-c) + (b-c) + c = a + b - c \\ &= n(A) + n(B) - n(A \cap B) \end{aligned}$$
すなわち，$n(A \cup B) = n(A) + n(B) - n(A \cap B)$ である．特に，$A \cap B = \emptyset$ のときは，$n(A \cap B) = 0$ であるので，$n(A \cup B) = n(A) + n(B)$ である．

●**合併集合の要素の個数**
$$n(A \cup B) = n(A) + n(B) - n(A \cap B)$$
$A \cap B = \emptyset$ のとき，$n(A \cup B) = n(A) + n(B)$

> **例題 3** 1から100までの整数の中で，3の倍数の集合を A，4の倍数の集合を B とする．このとき，$n(A)$, $n(B)$, $n(A \cap B)$, $n(A \cup B)$ を求めよ．

解 $A = \{3n : 1 \leqq n \leqq 33, n \in \mathbb{N}\} = \{3 \cdot 1, 3 \cdot 2, \cdots, 3 \cdot 33\}$,
$B = \{4n : 1 \leqq n \leqq 25, n \in \mathbb{N}\} = \{4 \cdot 1, 4 \cdot 2, \cdots, 4 \cdot 25\}$
であるから，$n(A) = 33$, $n(B) = 25$ となる．

次に，$A \cap B = \{x : x \text{ は } 12 \text{ の倍数}, 1 \leqq x \leqq 100\}$ であるから，
$A \cap B = \{12n : 1 \leqq n \leqq 8, n \in \mathbb{N}\} = \{12 \cdot 1, 12 \cdot 2, \cdots, 12 \cdot 8\}$,
したがって，$n(A \cap B) = 8$ となる．

以上より，$n(A \cup B) = n(A) + n(B) - n(A \cap B) = 33 + 25 - 8 = 50$ となる．

例題 4 600 の正の約数の集合を A,900 の正の約数の集合を B とする.このとき,$n(A)$,$n(B)$,$n(A \cap B)$,$n(A \cup B)$ を求めよ.

解 600,900 を素因数分解すると,$600 = 2^3 \cdot 3 \cdot 5^2$,$900 = 2^2 \cdot 3^2 \cdot 5^2$.したがって,
$$n(A) = (3+1)(1+1)(2+1) = 24, \quad n(B) = (2+1)(2+1)(2+1) = 27$$
$A \cap B$ は,600 と 900 の最大公約数 300 の正の約数の集合である.したがって,$300 = 2^2 \cdot 3 \cdot 5^2$ より,$n(A \cap B) = (2+1)(1+1)(2+1) = 18$ である.

以上より,$n(A \cup B) = n(A) + n(B) - n(A \cap B) = 24 + 27 - 18 = 33$

問 20 次の A,B について,$n(A \cup B)$ を求めよ.
(1) $A = \{x : x は 5 の倍数,1 \leqq x \leqq 200\}$
  $B = \{x : x は 7 の倍数,1 \leqq x \leqq 200\}$
(2) $A = \{x : x は 500 の正の約数\}$ $B = \{x : x は 360 の正の約数\}$
(3) $A = \{x : x は 8 の倍数,1 \leqq x \leqq 500\}$
  $B = \{x : x は 12 の倍数,1 \leqq x \leqq 500\}$
(4) $A = \{x : x は 3136 の正の約数\}$ $B = \{x : x は 3375 の正の約数\}$
(5) $A = \{x : x は 5 の倍数,1 \leqq x \leqq 500\}$
  $B = \{6n-1 : 1 \leqq 6n-1 \leqq 500, n \in \mathbb{N}\}$

問 21 次の A について,$n(A)$ を求めよ.
(1) $A = \{x : x は 3 または 5 の倍数,1 \leqq x \leqq 200\}$
(2) $A = \{x : x は 360 または 450 の正の約数\}$
(3) $A = \{x : x は 4 の倍数または 5 で割ると 1 余る数,1 \leqq x \leqq 300\}$

問 22 あるクラスで数学と英語の試験を行った.数学で 60 点以上の者は 42 人,英語で 60 点以上の者は 43 人,数学と英語の両方で 60 点以上の者は 37 人いた.数学か英語の少なくとも一方で 60 点以上の者は何人か.

2 つの集合 X,Y に対し,$n(X \cup Y) = n(X) + n(Y) - n(X \cap Y)$ が成り立つことを使って,3 つの集合の合併集合の要素の個数 $n(A \cup B \cup C)$ について調べてみよう.

まず,$A \cup B \cup C = (A \cup B) \cup C$ であるから,$A \cup B = X$,$C = Y$ とおくと
$$n(A \cup B \cup C) = n((A \cup B) \cup C) = n(X \cup Y)$$
$$= n(X) + n(Y) - n(X \cap Y)$$

$$= n(A \cup B) + n(C) - n((A \cup B) \cap C)$$
$$= n(A) + n(B) - n(A \cap B) + n(C) - n((A \cup B) \cap C)$$

次に，$(A \cup B) \cap C = (A \cap C) \cup (B \cap C)$ であるから，$A \cap C = X$, $B \cap C = Y$ とおくと，

$$n((A \cup B) \cap C) = n((A \cap C) \cup (B \cap C))$$
$$= n(X \cup Y) = n(X) + n(Y) - n(X \cap Y)$$
$$= n(A \cap C) + n(B \cap C) - n((A \cap C) \cap (B \cap C))$$

ここで，$(A \cap C) \cap (B \cap C) = A \cap B \cap C$ であることに注意すれば，

$$n((A \cup B) \cap C) = n(A \cap C) + n(B \cap C) - n(A \cap B \cap C)$$

以上より，

$$n(A \cup B \cup C) = n(A) + n(B) - n(A \cap B) + n(C)$$
$$- \{n(A \cap C) + n(B \cap C) - n(A \cap B \cap C)\}$$
$$= n(A) + n(B) + n(C) - n(A \cap B) - n(A \cap C)$$
$$- n(B \cap C) + n(A \cap B \cap C)$$

●**3つの集合の合併集合の要素の個数**

$$n(A \cup B \cup C) = n(A) + n(B) + n(C)$$
$$- n(A \cap B) - n(A \cap C) - n(B \cap C) + n(A \cap B \cap C)$$

問 23 次の A, B, C について，$n(A \cap B)$, $n(A \cap C)$, $n(B \cap C)$, $n(A \cap B \cap C)$, $n(A \cup B \cup C)$ を求めよ．
（1） 100以下の自然数の中で，3の倍数の集合を A，4の倍数の集合を B，5の倍数の集合を C とする．
（2） 1000以下の自然数の中で，4の倍数の集合を A，6の倍数の集合を B，10の倍数の集合を C とする．

■**補集合の要素の個数**■　U を全体集合，A を U の部分集合とする．A とその補集合 $\overline{A}$ の要素の個数についての関係を調べてみよう．A, B および U に対し，

$$A \cup \overline{A} = U, \quad A \cap \overline{A} = \emptyset$$

が成り立つ．これより，

$$n(\overline{A}) = n(U) - n(A)$$

となることがわかる．

●補集合の要素の個数

$$n(\overline{A}) = n(U) - n(A)$$

例題 5 1 から 100 までの整数の中で，6 で割り切れないものの個数を求めよ．

解 1 から 100 までの整数の集合 U を全体集合と考えて，U の中で 6 の倍数の集合を A とする．U の中で 6 で割り切れないものの集合は $\overline{A}$ である．

$$A = \{6n : 6n \leqq 100, n \in \mathbb{N}\} = \{6n : n \leqq 16, n \in \mathbb{N}\}$$
$$= \{6\cdot 1, 6\cdot 2, 6\cdot 3, \cdots, 6\cdot 16\}$$

であるから，$n(A) = 16$ となる．したがって，

$$n(\overline{A}) = n(U) - n(A) = 100 - 16 = 84$$

問 24 (1) 1 から 200 までの整数の中で，7 で割り切れないものの個数を求めよ．
(2) 100 から 500 までの整数の中で，9 で割り切れないものの個数を求めよ．

例題 6 1 から 100 までの整数の中で，3 でも 5 でも割り切れないものの個数を求めよ．

解 1 から 100 までの整数の集合を U とする．U の中で 3 の倍数の集合を A，5 の倍数の集合を B とする．U を全体集合と考えるとき，3 でも 5 でも割れないものの集合は $\overline{A} \cap \overline{B}$ である．ド・モルガンの法則 $\overline{A \cup B} = \overline{A} \cap \overline{B}$ により，

$$n(\overline{A} \cap \overline{B}) = n(\overline{A \cup B}) = n(U) - n(A \cup B)$$

また，

$$A = \{3\cdot 1, 3\cdot 2, 3\cdot 3, \cdots, 3\cdot 33\}, \quad B = \{5\cdot 1, 5\cdot 2, 5\cdot 3, \cdots, 5\cdot 20\},$$
$$A \cap B = \{x : x \text{ は } 15 \text{ の倍数}, x \in U\} = \{15\cdot 1, 15\cdot 2, 15\cdot 3, \cdots, 15\cdot 6\}$$

であるから，$n(A) = 33$，$n(B) = 20$，$n(A \cap B) = 6$ となり，

$$n(A \cup B) = n(A) + n(B) - n(A \cap B) = 33 + 20 - 6 = 47$$

以上より，
$$n(\overline{A}\cap\overline{B}) = n(U) - n(A\cup B) = 100 - 47 = 53$$

問 25 次の集合 S について，$n(S)$ を求めよ．
（1） $S = \{x : x$ は 4 でも 7 でも割り切れない整数, $1 \leqq x \leqq 200\}$
（2） $S = \{x : x$ は 6 でも 9 でも割り切れない整数, $100 \leqq x \leqq 500\}$

問 26 50人のクラスで数学と英語の試験を行った．数学で 80 点以上の者は 15 人，英語で 80 点以上の者は 17 人，数学と英語の両方で 80 点以上の者は 6 人いた．数学と英語の両方が 80 点未満の者は何人か．

3. 命題と集合

命題 たとえば，次のような文や式を考えてみよう．

（a） $(a+b)(a-b) = a^2 - b^2$

（b） $x > 0$ のとき，$\sqrt{1+2x} < 1+x$

（c） $a^2 > 1$ ならば，$a > 1$

（d） 連続する 3 つの自然数の積は，6 の倍数である．

これらのうち，(a) と (b) と (d) は正しいが (c) は正しくない．

一般に，正いか正しくないかが決まることがらを述べた文や式を**命題**という．この意味で，上の 4 つの例は，いずれも命題である．

ある命題が正しいときその命題は**真**であるといい，正しくないときその命題は**偽**である（または，真でない）という．上の例では，(a) と (b) と (d) は真であり，(c) は偽である．

上の命題 (d) は，

（d′） n が自然数ならば，$n(n+1)(n+2)$ は 6 の倍数である

と言い換えることができる．

このように，多くの命題は，2 つの条件 p, q について，

p ならば，q （記号で，$p \Longrightarrow q$ と表す）

の形で述べられる．このとき，p をこの命題の**仮定**，q をこの命題の**結論**という．

問 27 次の命題を，上の (d′) のように，p ならば q の形で述べよ．
（1） 奇数に 5 を加えた数は，偶数である．
（2） 奇数と奇数の和は，偶数である．

問 28 次の命題の仮定と結論をいえ．
（1） $a < 2$ ならば $a^2 < 4$ 　（2） 奇数と奇数の積は，奇数である．

命題 $p \Longrightarrow q$，すなわち p ならば q，を集合の見方から考えてみよう．
　たとえば，真である命題「$x \geqq 3 \Longrightarrow x > 2$」について考えてみよう．この命題の仮定 $x \geqq 3$ をみたす x の集合を P，結論 $x > 2$ をみたす x の集合を Q とする：
$$P = \{x : x \geqq 3\}, \quad Q = \{x : x > 2\}$$
このとき，$P \subset Q$ が成り立つ．すなわち，
$$x \in P (\text{すなわち } x \geqq 3) \Longrightarrow x \in Q (\text{すなわち } x > 2)$$
つまり，$P \subset Q$ は，命題「$x \geqq 3 \Longrightarrow x > 2$」が真であることをいい表している．

　一般に，命題 $p \Longrightarrow q$ に対し，その仮定 p をみたす要素からなる集合を P，結論 q をみたす要素からなる集合を Q とするとき，

"「$p \Longrightarrow q$」が真である" と "$P \subset Q$" は同じことがらを表している．

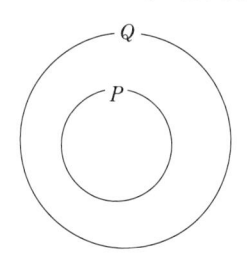

さらに，"「$p \Longrightarrow q$」が偽である" と "「$P \subset Q$」でない" とは同じことである．したがって，"「$p \Longrightarrow q$」が偽である" を示すためには，
　　　　　P の要素であるが Q の要素でないものがある，
つまり，**p をみたすが q をみたさない例**を 1 つ示せばよい．このような例を，**反例**という．

例 16 命題「$x^2 > 4 \Longrightarrow x > 2$」について考えてみよう．$x = -3$ は，$x^2 > 4$ をみたすが $x > 2$ をみたさない．したがって，この命題は偽であり，$x = -3$ はそれを示す反例である．

問 29 次の命題の真偽をいえ．また，偽の場合は反例をあげよ．

（1）　$a^2 = 1$ ならば $a = 1$　　（2）　$x > 2$ ならば $x^2 > 3$
（3）　$x < 3$ ならば $x^2 < 9$　　（4）　$ac = bc$ ならば $a = b$

■ 必要条件と十分条件 ■　　命題 $p \Longrightarrow q$ が真であるとして，条件 p, q をみたす要素の集合をそれぞれ P, Q とする．このとき，$P \subset Q$ であるから，

　　P の要素である（p をみたす）ためには，
　　　　Q の要素である（q をみたす）ことが必要であり，
　　Q の要素である（q をみたす）ためには，
　　　　P の要素であれば（p をみたせば）十分である．

このような理由から，一般に，

　　$p \Longrightarrow q$ が真であるとき，
　　　　q は，p であるための**必要条件**である，
　　　　p は，q であるための**十分条件**である

という．

　命題 $p \Longrightarrow q$ とその逆の命題 $q \Longrightarrow p$ を合せて，$p \Longleftrightarrow q$ と表す．$p \Longleftrightarrow q$ が真であるとき（このとき，q は p であるための必要条件でありかつ十分条件でもあるので），

　　　　　q は，p であるための**必要十分条件**である

という．このとき，p は q であるための必要十分条件でもある．また，このとき，p と q は**同値**であるという．

例 17　（ⅰ）　条件 "$a = b$" と条件 "$a^2 = b^2$" について，
命題「$a = b \Longrightarrow a^2 = b^2$」は真であるから，

　　　　"$a^2 = b^2$" は，"$a = b$" であるための必要条件である．

しかし，「$a^2 = b^2 \Longrightarrow a = b$」は偽であるから，

　　　　"$a^2 = b^2$" は，"$a = b$" であるための十分条件ではない．

（ⅱ）　条件 "$x^2 < 4$" と条件 "$x < 2$" について，命題「$x^2 < 4 \Longrightarrow x < 2$」は真であるから，

　　　　"$x^2 < 4$" は，"$x < 2$" であるための十分条件である．

しかし，「$x < 2 \Longrightarrow x^2 < 4$」は偽であるから，

　　　　"$x^2 < 4$" は，"$x < 2$" であるための必要条件ではない．

（iii）条件"$x^2-4x+3 \leqq 0$"と条件"$1 \leqq x \leqq 3$"について，
命題「$x^2-4x+3 \leqq 0 \iff 1 \leqq x \leqq 3$」は真であるから
"$x^2-4x+3 \leqq 0$"は，"$1 \leqq x \leqq 3$"であるための必要十分条件である．
（すなわち，"$x^2-4x+3 \leqq 0$"と"$1 \leqq x \leqq 3$"は同値である．）

> **問 30** 次の条件 p, q について，p が q であるための十分条件であるものはどれか．
> （1） $p : a^2 = 1,\ q : a = 1$ 　（2） $p : x > 1,\ q : x^2 > 1$
> （3） $p : 0 < x < 3,\ q : x^2 < 4$ 　（4） $p : a^2 - 2ab + b^2 = 0,\ q : a = b$
>
> **問 31** 次の条件 p, q について，p が q であるための必要条件であるものはどれか．
> （1） $p : a^2 = 1,\ q : a = 1$ 　（2） $p : x > 1,\ q : x^2 > 1$
> （3） $p : 0 < x < 3,\ q : x^2 < 4$ 　（4） $p : a^2 - 2ab + b^2 = 0,\ q : a = b$
>
> **問 32** 次の条件 p, q について，p と q が同値であるものはどれか．
> （1） $p : a^2 = 1,\ q : a = 1$ 　（2） $p : x > 1,\ q : x^2 > 1$
> （3） $p : 0 < x < 3,\ q : x^2 < 4$ 　（4） $p : a^2 - 2ab + b^2 = 0,\ q : a = b$
>
> **問 33** 次の（　）の中に最も適当なものは，「必要」，「十分」，「必要十分」のうちのどれか．
> （1） $0 < x < 2$ は，$x^2 < 4$ であるための（　）条件である．
> （2） $a^2 - 2a = 3$ は，$a = 3$ であるための（　）条件である．
> （3） $a^2 + 4a + 4 = 0$ は，$a = -2$ であるための（　）条件である．
> （4） $x^2 > 3$ は，$x > 2$ であるための（　）条件である．

■ **条件の否定** ■ U を全体集合として，U の要素に関する条件 $p, q, r, \cdots$ について考える．

条件「p でない」を条件 p の**否定**といい，$\bar{p}$ で表す．条件 p の否定 $\bar{p}$ の否定は p である：$\bar{\bar{p}} = p$．

p をみたす U の要素の集合を P，q をみたす U の要素の集合を Q，r をみたす U の要素の集合を R とする．このとき，

$$x (\in U) \text{ が } p \text{ をみたす} \iff x \in P,$$
$$x (\in U) \text{ が } q \text{ をみたす} \iff x \in Q,$$
$$x (\in U) \text{ が } \bar{r} \text{ をみたす} \iff x \notin R \iff x \in \bar{R}$$

が成り立つことより，
（i）条件「p または q」をみたす U の要素の集合は，$P \cup Q$，

（ii）　条件「p かつ q」をみたす U の要素の集合は，$P\cap Q$,
（iii）　条件 $\bar{r}$ をみたす U の要素の集合は，$\bar{R}$（U に関する R の補集合）である．

　　さて，条件「p または q」と「p かつ q」の否定
$$\overline{p\text{ または }q}\text{ と }\overline{p\text{ かつ }q}$$
について考えてみよう．上の（i），（ii），（iii）から，

　　　条件 $\overline{p\text{ または }q}$ をみたす U の要素の集合は，$\overline{P\cup Q}$ であり，

　　　条件 $\overline{p\text{ かつ }q}$ をみたす U の要素の集合は，$\overline{P\cap Q}$ である．

一方，ド・モルガンの法則（p.9）によれば，
$$\overline{P\cup Q}=\bar{P}\cap\bar{Q},\quad \overline{P\cap Q}=\bar{P}\cup\bar{Q}$$
である．また，

　　$\bar{P}\cap\bar{Q}$ は，条件「$\bar{p}$ かつ $\bar{q}$」をみたす U の要素の集合であり，

　　$\bar{P}\cup\bar{Q}$ は，条件「$\bar{p}$ または $\bar{q}$」をみたす U の要素の集合である．

以上より，
$$\overline{p\text{ または }q}\iff\bar{p}\text{ かつ }\bar{q},\quad \overline{p\text{ かつ }q}\iff\bar{p}\text{ または }\bar{q}$$
が成り立つ．これは，ド・モルガンの法則を条件の言葉でいい表したものである．

●**条件についてのド・モルガンの法則**
$$\overline{p\text{ または }q}\iff\bar{p}\text{ かつ }\bar{q},\quad \overline{p\text{ かつ }q}\iff\bar{p}\text{ または }\bar{q}$$

例18　（i）　条件「$a=1$ または $b\neq 0$」の否定は，「$a\neq 1$ かつ $b=0$」

（ii）　条件「$a>0$ かつ $b\leqq 0$」の否定は，「$a\leqq 0$ または $b>0$」

（iii）　「$2<x<5$」は，「$x>2$ かつ $x<5$」と同値であるから，条件「$2<x<5$」の否定は，「$x\leqq 2$ または $x\geqq 5$」

問34　次の条件の否定を述べよ．
(1)　$a\geqq 0$ または $b<2$　　(2)　$-2<x\leqq 3$
(3)　$x\leqq 1$ または $x>5$　　(4)　n は 4 の倍数であり，5 の倍数でない．
(5)　n は 4 または 5 の倍数である．　　(6)　a,b はともに偶数である．

4. 命題と論証

▌命題の逆と対偶▐　命題「$p \Longrightarrow q$」に対し，その仮定と結論を逆にした命題

$$q \Longrightarrow p$$

を「$p \Longrightarrow q$」の**逆**という．

例19　命題「$a = 1 \Longrightarrow a^2 = 1$」の逆は，「$a^2 = 1 \Longrightarrow a = 1$」である．明らかに，「$a = 1 \Longrightarrow a^2 = 1$」は真である．しかし，$a = -1$ が反例となるから，「$a^2 = 1 \Longrightarrow a = 1$」は真でない．

上の例からわかるように，一般に，

ある命題が真であっても，その逆は必ずしも真ではない．

同じように，ある命題が偽であっても，その逆は必ずしも偽ではない．

問 35　次の命題の逆を述べ，さらにその真偽を調べよ．
（1）　$a > 2 \Longrightarrow a^2 > 4$　　（2）　$x = 4 \Longrightarrow x^2 + 16 = 8x$

条件 p の否定を $\bar{p}$ で表した．命題（Ⅰ）「$p \Longrightarrow q$」に対し，

$$\bar{p} \Longrightarrow \bar{q}$$

を（Ⅰ）の**裏**という．

「（Ⅰ）の裏 $\bar{p} \Longrightarrow \bar{q}$ の逆」および「（Ⅰ）の逆 $q \Longrightarrow p$ の裏」は，ともに

$$\bar{q} \Longrightarrow \bar{p}$$

である．これを，「$p \Longrightarrow q$」の**対偶**という．

```
  p ⟹ q    ← 逆 →    q ⟹ p
    ↑  ↖     ↗  ↑
    裏       対偶       裏
    ↓  ↙     ↘  ↓
  p̄ ⟹ q̄    ← 逆 →    q̄ ⟹ p̄
```

例20　(ⅰ)　命題「$x > 1 \Longrightarrow x^2 > 1$」の対偶は，「$x^2 \leqq 1 \Longrightarrow x \leqq 1$」である．

(ⅱ)　命題「$a^2 = ab \Longrightarrow a = 0$ または $b = 1$」の対偶は，「$a \neq 0$ かつ $b \neq 1 \Longrightarrow a^2 \neq ab$」である．

問 36 次の命題の対偶を述べよ．
（1） $a^2 < 4 \Longrightarrow a < 2$　　（2） $x^2 + 16 \neq 8x \Longrightarrow x \neq 4$
（3） $a + b > 2 \Longrightarrow a > 1$ または $b > 1$

U を全体集合，p, q を U の要素に関する条件とする．命題「$p \Longrightarrow q$」とその対偶「$\bar{q} \Longrightarrow \bar{p}$」の関係について調べてみよう．

p, q をみたす U の要素の集合をそれぞれ P, Q とする．前節の「条件の否定」の項でみたように，$\bar{p}, \bar{q}$ をみたす U の要素の集合は，それぞれ $\bar{P}, \bar{Q}$ である．また，前節の「命題」の項でみたように，

「$p \Longrightarrow q$」が真である $\Longleftrightarrow P \subset Q$,
「$\bar{q} \Longrightarrow \bar{p}$」が真である $\Longleftrightarrow \bar{Q} \subset \bar{P}$

が成り立つ．

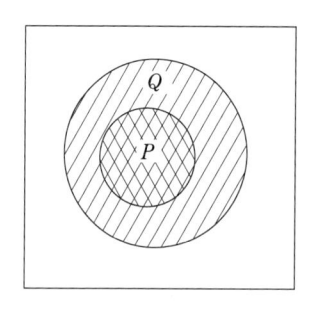

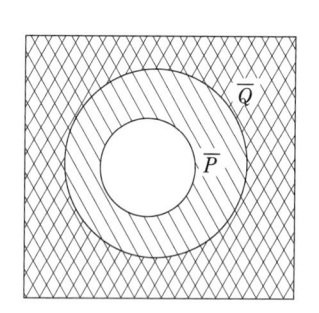

また，上の図から容易にわかるように，
$$P \subset Q \Longleftrightarrow \bar{Q} \subset \bar{P}$$
が成り立つ．以上より，

「$p \Longrightarrow q$」が真である $\Longleftrightarrow$ 「$\bar{q} \Longrightarrow \bar{p}$」が真である

が成り立つ．すなわち，「$p \Longrightarrow q$」とその対偶「$\bar{q} \Longrightarrow \bar{p}$」の真偽が一致することがわかった．

●命題とその対偶

「$p \Longrightarrow q$」が真であるならば，「$\bar{q} \Longrightarrow \bar{p}$」は真であり，
「$\bar{q} \Longrightarrow \bar{p}$」が真であるならば，「$p \Longrightarrow q$」は真である．

「$p \Longrightarrow q$」を証明するのに，かわりに，その対偶「$\bar{q} \Longrightarrow \bar{p}$」を証明してもよい．

例題 7 対偶を使って,次の命題を証明せよ.
$$2x+3y>5 \text{ ならば,} x>1 \text{ または } y>1 \text{ である.}$$

解 「$x>1$ または $y>1$」の否定は「$x\leqq 1$ かつ $y\leqq 1$」であるから,この命題の対偶は
$$x\leqq 1 \text{ かつ } y\leqq 1 \Longrightarrow 2x+3y\leqq 5$$
である.

$x\leqq 1$ かつ $y\leqq 1$ とすると,$2x\leqq 2$,$3y\leqq 3$ である.したがって,
$$2x+3y\leqq 2+3=5$$
となり,$2x+3y\leqq 5$ が証明された.対偶が証明されたので,元の命題も証明された.

問 37 対偶を使って,次の命題を証明せよ.
(1) $a+b<2$ ならば,$a<1$ または $b<1$
(2) 2つの整数 m と n の積 mn が偶数ならば,m または n は偶数である.
(3) 整数 n の平方 n^2 が偶数ならば,n は偶数である.
(4) 整数 n の平方 n^2 が3の倍数ならば,n は3の倍数である.

背理法

ある命題を証明するのに,次のような証明法がある.このような証明法を**背理法**(または帰謬法)という.

―●**背理法**(による証明の手順)――
(Ⅰ) その命題が成り立たないと仮定する.
(Ⅱ) (Ⅰ)から矛盾を導く.
(Ⅲ) (Ⅰ),(Ⅱ)より,その命題が成り立つと結論する.

背理法による証明の妥当性について考えてみよう.一般に,ほとんどの命題は,ある前提(その命題の仮定または別の事実)を使って証明される.いま,q を結論とする命題を,前提 p を使って証明することを考える.

まず,この命題が成り立たないと仮定する.これは,この命題の結論 q の否定 $\bar{q}$ を仮定することである.次に,$\bar{q}$ から前提 p とは矛盾するような条件 r を導いたとする.すると,r が成り立つことから,p が成り立たない,つまり $\bar{p}$ が成り立つことになる.以上より,仮定 $\bar{q}$ から結論 $\bar{p}$ が導かれたことに

なり，「$p \Longrightarrow q$」の対偶「$\bar{q} \Longrightarrow \bar{p}$」が証明されたことになる．したがって，「$p \Longrightarrow q$」も証明されたことになる．すなわち，$p$ を前提として q が成り立つことになって，この命題が証明されたことになる．

例題 8 $\sqrt{2}$ が無理数であることを証明せよ．

解 $\sqrt{2}$ が無理数でないと仮定する．すると，$\sqrt{2}$ は有理数であるから，互いに素な（最大公約数が 1）2 つの整数 m, n を使って
$$\sqrt{2} = \frac{m}{n}$$
と表される．したがって，
(1) $$m^2 = 2n^2$$
となり，m^2 は偶数である．ゆえに，問 37(3) より m も偶数である．整数 k を使って，$m = 2k$ とおくと，(1) より，$4k^2 = 2n^2$, すなわち $2k^2 = n^2$ となり，n^2 は偶数である．再び，問 37(3) より，n は偶数となり，m と n が互いに素であることに矛盾する．

以上より，$\sqrt{2}$ は無理数である．　∎

注 上の命題では，表立った仮定はない．しかし，上の証明は，「有理数は，互いに素な整数の商で表される」ことを前提にしている．

問 38 背理法を使って，次の命題を証明せよ．
（1） a を有理数とするとき，$a + \sqrt{2}$ は無理数であることを示せ．ただし，$\sqrt{2}$ が無理数であることを使ってよい．
（2） $\sqrt{3}$ が無理数であることを証明せよ．
（3） $x^5 \leqq x + 30$ ならば，$x \leqq 2$ であることを証明せよ．

問の答とヒント

問 1 $9 \notin A$, $13 \in A$, $16 \notin A$
問 2 （1） $A = \{1, 2, 3, 4\}$ 　（2） $B = \{1, 2, 3, 4, 6, 12\}$
　（3） $C = \{-2, -1, 0, 1, 2\}$
問 3 （1） $A = \{x : x < 5, x \in \mathbb{N}\}$ 　（2） $B = \{x : x \text{ は } 12 \text{ の正の約数}\}$
　（3） $C = \{x : x^2 < 5, x \in \mathbb{Z}\}$
問 4 （1） $A = \{3, 6, 9, 12, \cdots\}$ 　（2） $B = \{1, 5, 9, 13, \cdots\}$

問 5 （1） $A = \{5x : x \in \mathbb{Z}\}$　　　（2） $B = \{2k-1 : k \in \mathbb{N}\}$
（3） $C = \{4n-3 : n \in \mathbb{N}\}$
問 6 　$B = \{1,2,3,4,6,12\}$, $C = \{1,2,3,4,6,8,12,24\}$ であるから，$A \subset B$，$B \subset C$，$A \subset C$
問 7 　$C \subset A$，$C \subset B$（'$A \subset B$' および '$A \supset B$' は成立しない．）
問 8 　$A = B$ についてのみ示す（$B = C$ についてもほぼ同様に示される）：$B \subset C$ および $C \subset A$ より，$B \subset A$．これと $A \subset B$ より $A = B$ となる．
問 9 （1） $A \cap B = \{2,5,7\}$, $A \cup B = \{1,2,5,6,7,8\}$
（2） $A \cap B = \{7\}$, $A \cup B = \{1,2,3,4,5,6,7,8,9\}$
（3） $A \cap B = \{x : 9 < x \leq 50, x \in \mathbb{N}\}$, $A \cup B = \{x : 5 < x \leq 100, x \in \mathbb{N}\}$
（4） $P \cap Q = \{x : x < 20, x \in \mathbb{Z}\}$, $P \cup Q = \{x : x \leq 30, x \in \mathbb{Z}\}$
（5） $S \cap T = \{1,2,3,6\}$, $S \cup T = \{1,2,3,4,6,8,9,12,18,24\}$
問 10 （1） $A \cap B = \{12n : n \in \mathbb{N}\}$（3 と 4 の公倍数は，12 の倍数）
（2） $A \cap B = \{12n : n \in \mathbb{N}\}$（4 と 6 の公倍数は，12 の倍数）
（3） $A \cap B = \{x : x$ は 300 の正の約数$\}$（600 と 900 の公約数は，300 の約数）
問 11 　$A \cap B = A$ のとき，$A \subset B$．$A \cup B = A$ のとき，$B \subset A$．
問 12 （1） $A \cap B = \emptyset$　（2） $A \cap B = \{5,6\} \neq \emptyset$　（3） $A \cap B = \emptyset$
問 13 　$\{1,2,3\}$ の部分集合をすべて書き並べると，
$$\emptyset, \{1\}, \{2\}, \{3\}, \{1,2\}, \{1,3\}, \{2,3\}, \{1,2,3\}$$
上の 8 つの集合と上の 8 つの集合それぞれに要素 4 を付け加えた集合が，$\{1,2,3,4\}$ の部分集合の全体であるから，全部で $8 \times 2 = (2^4 =) 16$ 個ある（一般に，$\{1,2,3,\cdots,n\}$ の部分集合は全部で 2^n 個ある）．
問 14 　$A \cap B \cap C = \{1,3\}$, $A \cup B \cup C = \{1,2,3,4,5,6,9,12,15,18\}$
問 15 （1） $\overline{A} = \{3,6,10\}$
（2） $\overline{A} = \{x : 10 \leq x \leq 20, x \in \mathbb{N}\} = \{10,11,12,13,14,15,16,17,18,19,20\}$
（3） $\overline{A} = \{4n-2 : n \in \mathbb{N}\}$
問 16 　$\overline{A} = \{1,7,8,9,10\}$, $\overline{B} = \{1,2,3,4,10\}$,
$A \cap \overline{B} = \{2,3,4\}$, $\overline{A} \cap B = \{7,8,9\}$, $\overline{A} \cap \overline{B} = \{1,10\}$
問 17 　$A \cap \overline{A} = \phi$, $A \cup \overline{A} = U$, $\overline{(\overline{A})} = A$
問 18 （1） $n(A) = 8$　（$A = \{x : 9 \leq x \leq 16, x \in \mathbb{N}\}$）
（2） $n(B) = 8$　（$B = \{1,2,3,4,6,8,12,24\}$）
（3） $n(C) = 32$　（$C = \{6n : 2 \leq n \leq 33, n \in \mathbb{N}\}$）
（4） $n(P) = 180$　（$P = \{5n : 20 \leq n \leq 199, n \in \mathbb{N}\}$）
（5） $n(Q) = 38$　（$Q = \{5n+2 : 2 \leq n \leq 39, n \in \mathbb{N}\}$）
問 19 （1） $2000 = 2^4 \cdot 5^3$, $n(A) = 5 \cdot 4 = 20$
（2） $5184 = 2^6 \cdot 3^4$, $n(A) = 7 \cdot 5 = 35$
（3） $1800 = 2^3 \cdot 3^2 \cdot 5^2$, $n(A) = 4 \cdot 3 \cdot 3 = 36$
（4） $36000 = 2^5 \cdot 3^2 \cdot 5^3$, $n(A) = 6 \cdot 3 \cdot 4 = 72$

（5） $50400 = 2^5 \cdot 3^2 \cdot 5^2 \cdot 7$, $n(A) = 6 \cdot 3 \cdot 3 \cdot 2 = 108$

問 20 （1） $n(A) = 40$, $n(B) = 28$, $n(A \cap B) = 5$, $n(A \cup B) = 40 + 28 - 5 = 63$

（2） $n(A) = 12$, $n(B) = 24$, $n(A \cap B) = 6$, $n(A \cup B) = 12 + 24 - 6 = 30$

（3） $n(A) = 62$, $n(B) = 41$, $A \cap B = \{x : x \text{ は } 24 \text{ の倍数}, 1 \leq x \leq 500\}$, $n(A \cap B) = 20$, $n(A \cup B) = 62 + 41 - 20 = 83$

（4） $n(A) = 21$, $n(B) = 16$, $n(A \cap B) = 1$, $n(A \cup B) = 21 + 16 - 1 = 36$

（5） $n(A) = 100$, $n(B) = 83$, $A \cap B = \{30k + 5 : 0 \leq k \leq 16, k \in \mathbb{Z}\}$, $n(A \cap B) = 17$, $n(A \cup B) = 100 + 83 - 17 = 166$

問 21 （1） $B = \{x : x \text{ は } 3 \text{ の倍数}, 1 \leq x \leq 200\}$, $C = \{x : x \text{ は } 5 \text{ の倍数}, 1 \leq x \leq 200\}$ とすると, $A = B \cup C$, $n(B) = 66$, $n(C) = 40$, $n(B \cap C) = 13$, $n(A) = n(B \cup C) = 66 + 40 - 13 = 93$

（2） $B = \{x : x \text{ は } 360 \text{ の正の約数}\}$, $C = \{x : x \text{ は } 450 \text{ の正の約数}\}$ とすると, $A = B \cup C$, $n(B) = 24$, $n(B) = 18$, $n(B \cap C) = 12$, $n(A) = n(B \cup C) = 24 + 18 - 12 = 30$

（3） $B = \{x : x \text{ は } 4 \text{ の倍数}, 1 \leq x \leq 300\}$, $C = \{5n + 1 : 1 \leq 5n + 1 \leq 300, n \in \mathbb{Z}\}$ とすると, $A = B \cup C$, $n(B) = 75$, $n(C) = 60$, $B \cap C = \{20k + 16 : 0 \leq k \leq 14, k \in \mathbb{Z}\}$, $n(B \cap C) = 15$, $n(A) = n(B \cup C) = 75 + 60 - 15 = 120$

問 22 数学が 60 点以上の者の集合を A, 英語が 60 点以上の者の集合を B とすると, 数学か英語の少なくとも一方が 60 点以上の者の集合は $A \cup B$. $n(A) = 42$, $n(B) = 43$, $n(A \cap B) = 37$ より, $n(A \cup B) = 42 + 43 - 37 = 48$

問 23 （1） $n(A) = 33$, $n(B) = 25$, $n(C) = 20$, $n(A \cap B) = 8$, $n(A \cap C) = 6$, $n(B \cap C) = 5$, $A \cap B \cap C = \{x : x \text{ は } 100 \text{ 以下の自然数で } 60 \text{ の倍数}\}$, $n(A \cap B \cap C) = 1$, $n(A \cup B \cup C) = 33 + 25 + 20 - 8 - 6 - 5 + 1 = 60$

（2） $n(A) = 250$, $n(B) = 166$, $n(C) = 100$, $n(A \cap B) = 83$, $n(A \cap C) = 50$, $n(B \cap C) = 33$, $A \cap B \cap C = \{x : x \text{ は } 1000 \text{ 以下の自然数で } 60 \text{ の倍数}\}$, $n(A \cap B \cap C) = 16$, $n(A \cup B \cup C) = 250 + 166 + 100 - 83 - 50 - 33 + 16 = 366$

問 24 （1） 1 から 200 までの整数の中で, 7 で割り切れるものの集合を A とすると, 7 で割り切れないものの集合は $\overline{A}$ である. $n(A) = 28$ より, $n(\overline{A}) = 200 - 28 = 172$

（2） 100 から 500 までの整数の中で, 9 で割り切れるものの集合を A とすると, 9 で割り切れないものの集合は $\overline{A}$ である. $n(A) = 44$ より, $n(\overline{A}) = 401 - 44 = 357$

問 25 1 から 200 までの整数の集合の中で, 4 で割り切れるものの集合を A, 7 で割り切れないものの集合を B とすると, $S = \overline{A} \cap B = \overline{A \cup \overline{B}}$ である. $n(A) = 50$, $n(B) = 28$, $n(A \cap B) = 7$, $n(A \cup B) = 50 + 28 - 7 = 71$, $n(S) = n(\overline{A \cup B}) = 200 - 71 = 129$

（2） 100 から 500 までの整数の集合の中で, 6 で割り切れるものの集合を A, 9

で割り切れないものの集合を B とすると，$S = \overline{A} \cap \overline{B} = \overline{A \cup B}$ である．$n(A) = 67$，$n(B) = 44$，$n(A \cap B) = 22$，$n(A \cup B) = 67+44-22 = 89$，$n(S) = n(\overline{A \cup B}) = 401-89 = 312$

問 26 数学が 80 点以上の者の集合を A，英語が 80 点以上の者の集合を B とすると，数学と英語の両方とも 80 点未満の者の集合は $\overline{A \cup B}$．
$n(A \cup B) = 15+17-6 = 26$，$n(\overline{A \cup B}) = 50-26 = 24$

問 27 （1） n が奇数ならば，$n+5$ は偶数である．
（2） a, b が奇数ならば，$a+b$ は偶数である．

問 28 （1） 仮定：$a < 2$，結論：$a^2 < 4$
（2） 仮定：a, b が奇数，結論：ab は奇数である

問 29 （1） 偽：反例は $a = -1$　　（2） 真
（3） 偽：反例は $x = -4$　　（4） 偽：反例は $a = 1$，$b = 2$，$c = 0$

問 30 「$p \Longrightarrow q$」が成り立つのは，(2) と (4)，したがって，p が q であるための十分条件であるのは，(2) と (4)．

問 31 「$q \Longrightarrow p$」が成り立つのは，(1) と (4)，したがって，p が q であるための必要条件であるのは，(1) と (4)．

問 32 問 30，31 より，p と q が同値であるのは，(4)．

問 33 （1） 十分　　（2） 必要　　（3） 必要十分　　（4） 必要

問 34 （1） $a < 0$ かつ $b \geqq 2$　　（2） $x \leqq -2$ または $x > 3$　　（3） $1 < x \leqq 5$
（4） n は 4 の倍数でないかまたは 5 の倍数である．
（5） n は 4 の倍数でも 5 の倍数でもない．
（6） a または b は奇数である．

問 35 （1） 逆：「$a^2 > 4 \Longrightarrow a > 2$」，偽：反例は $a = -3$
（2） 逆：「$x^2+16 = 8x \Longrightarrow x = 4$」，真

問 36 （1） $a \geqq 2 \Longrightarrow a^2 \geqq 4$　　（2） $x = 4 \Longrightarrow x^2+16 = 8x$
（3） $a \leqq 1$ かつ $b \leqq 1 \Longrightarrow a+b \leqq 2$

問 37 （1） 対偶は「$a \geqq 1$ かつ $b \geqq 1 \Longrightarrow a+b \geqq 2$」
$a \geqq 1$，$b \geqq 1$ ならば，$a+b \geqq 1+1 = 2$，すなわち，$a+b \geqq 2$ となり，対偶が証明された．
（2）（注．a は奇数 $\Longleftrightarrow$ 整数 b により，$a = 2b+1$ と表される）
対偶は「m と n は奇数 $\Longrightarrow mn$ は奇数」
m, n が奇数ならば，整数 k，l により，$m = 2k+1$，$n = 2l+1$ と表される．したがって，$mn = (2k+1)(2l+1) = 4kl+2k+2l+1 = 2(2kl+k+l)+1$ となる．$mn = 2(2kl+k+l)+1$ より，mn が奇数であるから，対偶が証明された．
（3） 対偶は「n は奇数 $\Longrightarrow n^2$ は奇数」
n が奇数ならば，整数 k により，$n = 2k+1$ と表される．したがって，$n^2 = (2k+1)^2 = 4k^2+4k+1 = 2(2k^2+2k)+1$ となる．$n^2 = 2(2k^2+2k)+1$ より，n^2 が

奇数であるから，対偶が証明された．

（4）（注．a は 3 の倍数でない $\iff$ 整数 b により，$a = 3b \pm 1$ と表される）
対偶は「n は 3 の倍数でない $\implies n^2$ は 3 の倍数でない」
n が 3 の倍数でなければ，整数 k により，$n = 3k \pm 1$ と表される．したがって，$n^2 = (3k \pm 1)^2 = 9k^2 \pm 6k + 1 = 3(3k^2 \pm 2k) + 1$ となる．$n^2 = 3(3k^2 \pm 2k) + 1$ より，n^2 は 3 の倍数でないから，対偶が証明された．

問 38（1）$a + \sqrt{2} = b$ とおく．b が無理数でない，すなわち b は有理数であると仮定する．a, b が有理数であるから，$b - a$ も有理数である．ところが，$\sqrt{2} = b - a$ であるから，$b - a$ が有理数であることは，$\sqrt{2}$ が無理数に矛盾する．したがって，$b = a + \sqrt{2}$ は無理数である．

（2）$\sqrt{3}$ が無理数でないと仮定する．すると，$\sqrt{3}$ は有理数であるから，互いに素な（最大公約数が 1）2 つの整数 m, n を使って $\sqrt{3} = \dfrac{m}{n}$ と表される．したがって，$m^2 = 3n^2$ となり，m^2 は 3 の倍数である．ゆえに，問 37（4）より m も 3 の倍数である．整数 k を使って，$m = 3k$ とおくと，$m^2 = 3n^2$ より，$9k^2 = 3n^2$，すなわち $3k^2 = n^2$ となり，n^2 は 3 の倍数である．再び，問 37（4）より，n は 3 の倍数となり，m と n が互いに素であることに矛盾する．したがって，$\sqrt{3}$ は無理数である．

（3）"$x \leqq 2$" でない，すなわち $x > 2$ と仮定する．すると，$\dfrac{1}{x} > 0$ であるから，$x^5 \leqq x + 30$ により $x^4 \leqq 1 + \dfrac{30}{x} \cdots (*)$ である．一方，$x > 2$ より，$1 + \dfrac{30}{x} < 1 + 15 = 16$，$x^4 > 16$，したがって $1 + \dfrac{30}{x} < 16 < x^4$ である．ところが，これは（*）と矛盾する．したがって，$x \leqq 2$ である．

公　式　集

数と式

数式の計算法則
　　交換法則　$A+B=B+A$, $AB=BA$
　　結合法則　$(A+B)+C=A+(B+C)$, $(AB)C=A(BC)$
　　分配法則　$A(B+C)=AB+AC$, $(B+C)A=BA+CA$

乗法公式
　（1）　$(a+b)^2=a^2+2ab+b^2$, $(a-b)^2=a^2-2ab+b^2$
　（2）　$(a+b)(a-b)=a^2-b^2$
　（3）　$(x+a)(x+b)=x^2+(a+b)x+ab$
　（4）　$(ax+b)(cx+d)=acx^2+(ad+bc)x+bd$
　（5）　$(a+b)^3=a^3+3a^2b+3ab^2+b^3$, $(a-b)^3=a^3-3a^2b+3ab^2-b^3$
　（6）　$(a+b)(a^2-ab+b^2)=a^3+b^3$, $(a-b)(a^2+ab+b^2)=a^3-b^3$

因数分解公式
　（1）　$a^2+2ab+b^2=(a+b)^2$, $a^2-2ab+b^2=(a-b)^2$
　（2）　$a^2-b^2=(a+b)(a-b)$
　（3）　$x^2+(a+b)x+ab=(x+a)(x+b)$
　（4）　$acx^2+(ad+bc)x+bd=(ax+b)(cx+d)$
　（5）　$a^3+b^3=(a+b)(a^2-ab+b^2)$, $a^3-b^3=(a-b)(a^2+ab+b^2)$

絶対値
　　$a \geqq 0$ のとき $|a|=a$, $a<0$ のとき $|a|=-a$
　　$|ab|=|a|\cdot|b|$, $\left|\dfrac{a}{b}\right|=\dfrac{|a|}{|b|}$　$(b \neq 0)$

平方根と絶対値
　　実数 a に対し, $\sqrt{a^2}=|a|$

⇨ 平方根の積と商

$a>0$, $b>0$ のとき, $\sqrt{a}\sqrt{b}=\sqrt{ab}$, $\dfrac{\sqrt{a}}{\sqrt{b}}=\sqrt{\dfrac{a}{b}}$

2 次関数

⇨ 2 次関数のグラフ

（1） 2 次関数 $y=ax^2$ のグラフは，軸が y 軸，頂点が原点の放物線で，$a>0$ のとき下に凸，$a<0$ のとき上に凹

（2） 2 次関数 $y=a(x-h)^2+k$ のグラフは，$y=ax^2$ のグラフを x 軸方向に h，y 軸方向に k だけ平行移動した放物線であり，軸は直線 $x=h$，頂点の座標は (h,k) である．

（3） 2 次関数 $y=ax^2+bx+c$ のグラフは，

軸が直線 $x=-\dfrac{b}{2a}$，頂点が $\left(-\dfrac{b}{2a},\ -\dfrac{b^2-4ac}{4a}\right)$ の放物線である．

⇨ 2 次関数の値が定符号となる条件

2 次関数 $y=ax^2+bx+c$ について，$D=b^2-4ac$ とすると，

x がどんな値をとっても $y>0 \iff a>0$, $D<0$

x がどんな値をとっても $y<0 \iff a<0$, $D<0$

三角形と三角比

⇨ 正接，正弦，余弦

△ABC で，∠B $= 90°$ とするとき，

正接：$\tan A=\dfrac{BC}{AB}$, **正弦**：$\sin A=\dfrac{BC}{AC}$, **余弦**：$\cos A=\dfrac{AB}{AC}$

⇨ 正弦，余弦，正接の関係

$\tan\theta=\dfrac{\sin\theta}{\cos\theta}$, $\sin^2\theta+\cos^2\theta=1$, $1+\tan^2\theta=\dfrac{1}{\cos^2\theta}$

（△ABC で，∠A，∠B，∠C の対辺の長さを，それぞれ a,b,c，また ∠A，∠B，∠C の大きさを，それぞれ A,B,C とかくことにする．）

▸ 正弦定理

△ABC の外接円の半径を R とするとき，

$$\frac{a}{\sin A} = \frac{b}{\sin B} = \frac{c}{\sin C} = 2R$$

▸ 余弦定理

$a^2 = b^2 + c^2 - 2bc\cos A,\quad b^2 = c^2 + a^2 - 2ca\cos B,$
$c^2 = a^2 + b^2 - 2ab\cos C$

▸ 三角形の面積

△ABC の面積を S とするとき，

$$S = \frac{1}{2}bc\sin A = \frac{1}{2}ca\sin B = \frac{1}{2}ab\sin C$$

平面図形と方程式

▸ $m : n$ に分ける点

2 点 $P(x_1, y_1)$，$Q(x_2, y_2)$ を結ぶ線分 PQ を，$m : n$ に分ける点の座標は，

$$\left(\frac{nx_1 + mx_2}{m+n}, \frac{ny_1 + my_2}{m+n} \right)$$

とくに，線分 PQ の中点の座標は，$\left(\dfrac{x_1 + x_2}{2}, \dfrac{y_1 + y_2}{2} \right)$

▸ 2 点間の距離

2 点 $P(x_1, y_1)$，$Q(x_2, y_2)$ 間の距離は，
$\mathrm{PQ} = \sqrt{(x_2 - x_1)^2 + (y_2 - y_1)^2}$
とくに，原点 O と点 $P(x_1, y_1)$ の距離は，
$\mathrm{OP} = \sqrt{x_1^2 + y_1^2}$

▸ 直線の方程式

（1） 点 $P(x_1, y_1)$ を通り，傾き m の直線の方程式は，
$y - y_1 = m(x - x_1)$

（2） 異なる 2 点 $P(x_1, y_1)$，$Q(x_2, y_2)$ を通る直線の方程式は，

$x_1 \neq x_2$ のとき，$y - y_1 = \dfrac{y_2 - y_1}{x_2 - x_1}(x - x_1)$

$x_1 = x_2$ のとき，$x = x_1$

▶ 2直線の関係
2直線 $y = mx + k$，$y = m'x + k'$ について，
　一致 $\iff m = m'$，$k = k'$
　平行 $\iff m = m'$，$k \neq k'$
　垂直 $\iff mm' = -1$

▶ 点と直線の距離
点 (x_1, y_1) と直線 $ax + by + c = 0$ の距離は，
$$\dfrac{|ax_1 + by_1 + c|}{\sqrt{a^2 + b^2}}$$

▶ 円の方程式
点 (a, b) を中心とする半径 r の円の方程式は，
$$(x - a)^2 + (y - b)^2 = r^2$$
とくに，原点を中心とする半径 r の円の方程式は，
$$x^2 + y^2 = r^2$$

▶ 円の接線の方程式
円 $x^2 + y^2 = r^2$ の点 (x_1, y_1) における接線の方程式は，
$$x_1 x + y_1 y = r^2$$

▶ 不等式の表す領域
（1）　平面は，直線 $ax + by + c = 0$ によって2つの側に分けられ，
　　　一方の側は $ax + by + c > 0$，他方の側は $ax + by + c < 0$
（2）　$x^2 + y^2 < r^2$ の表す領域は，円 $x^2 + y^2 = r^2$ の内部
　　　$x^2 + y^2 > r^2$ の表す領域は，円 $x^2 + y^2 = r^2$ の外部

複素数と2次方程式

▶ i を虚数単位，a, b, c, d を実数とするとき，
$$a + bi = c + di \iff a = c,\ b = d$$

とくに，
 $a + bi = 0 \iff a = b = 0$

⇨ α, β を複素数とするとき，
 $\alpha\beta = 0 \iff \alpha = 0$ または $\beta = 0$

⇨ $x^2 + px + q = (x - \alpha)(x - \beta)$ と因数分解されるとき，2次方程式 $x^2 + px + q = 0$ の解は，$x = \alpha, \beta$

⇨ **2次方程式の解の公式**
 $b^2 - 4ac = D$ とおくとき，2次方程式 $ax^2 + bx + c = 0$ の解は，
 $x = \dfrac{-b \pm \sqrt{D}}{2a}$ （ただし，$D < 0$ のとき，$\sqrt{D} = \sqrt{-D}\, i$）

⇨ $ax^2 + bx + c = 0$ **の解の判別**
 （ⅰ） $D = b^2 - 4ac > 0 \iff$ 異なる2つの実数解
 （ⅱ） $D = b^2 - 4ac = 0 \iff$ 重解
 （ⅲ） $D = b^2 - 4ac < 0 \iff$ 異なる2つの虚数解

⇨ **2次式の因数分解**
 2次方程式 $ax^2 + bx + c = 0$ の2つの解を，α, β とするとき，
 $ax^2 + bx + c = a(x - \alpha)(x - \beta)$

⇨ **解と係数の関係**
 2次方程式 $ax^2 + bx + c = 0$ の2つの解を，α, β とするとき，
 $\alpha + \beta = -\dfrac{b}{a}, \quad \alpha\beta = \dfrac{c}{a}$

因数定理と高次方程式

⇨ **商と余り**
 整式 $A(x)$ を整式 $B(x)$ で割ったときの商を $Q(x)$，余りを $R(x)$ とするとき，
 $A(x) = B(x)Q(x) + R(x)$ （$R(x)$ の次数 $<$ $B(x)$ の次数）

⇨ **剰余の定理**
 整式 $P(x)$ を $x - a$ で割ったときの余りは $P(a)$ に等しい．

⮕ **因数定理**

$P(a) = 0 \iff$ 整式 $P(x)$ が $x - a$ を因数にもつ

分数式

⮕ 整式 $A(x)$ を整式 $B(x)$ で割ったときの商を $Q(x)$，余りを $R(x)$ とするとき，
$$\frac{A(x)}{B(x)} = Q(x) + \frac{R(x)}{B(x)} \quad (R(x) \text{ の次数} < B(x) \text{ の次数})$$

三角関数

⮕ $180° = \pi$ ラジアン, $1° = \dfrac{\pi}{180}$ ラジアン, 1 ラジアン $= \left(\dfrac{180}{\pi}\right)°$

⮕ **三角関数の値の範囲**

$-1 \leqq \sin\theta \leqq 1$, $-1 \leqq \cos\theta \leqq 1$, $\tan\theta$ は任意の実数値をとりうる．

⮕ **三角関数の相互関係**

$\tan\theta = \dfrac{\sin\theta}{\cos\theta}$, $\sin^2\theta + \cos^2\theta = 1$, $\tan^2\theta + 1 = \dfrac{1}{\cos^2\theta}$

⮕ $-\theta$ **の三角関数**

$\sin(-\theta) = -\sin\theta$, $\cos(-\theta) = \cos\theta$, $\tan(-\theta) = -\tan\theta$

⮕ $\theta + \dfrac{\pi}{2}$ **の三角関数**

$$\begin{cases} \sin\left(\theta + \dfrac{\pi}{2}\right) = \cos\theta \\ \cos\left(\theta + \dfrac{\pi}{2}\right) = -\sin\theta \\ \tan\left(\theta + \dfrac{\pi}{2}\right) = -\dfrac{1}{\tan\theta} \end{cases}$$

⮕ **三角関数の周期**

n が整数であるとき

$$\sin(\theta+2n\pi) = \sin\theta, \quad \cos(\theta+2n\pi) = \cos\theta, \quad \tan(\theta+n\pi) = \tan\theta$$

➩ 正弦，余弦の加法定理

$$\begin{cases} \sin(\alpha+\beta) = \sin\alpha\cos\beta + \cos\alpha\sin\beta \\ \sin(\alpha-\beta) = \sin\alpha\cos\beta - \cos\alpha\sin\beta \end{cases}$$

$$\begin{cases} \cos(\alpha+\beta) = \cos\alpha\cos\beta - \sin\alpha\sin\beta \\ \cos(\alpha-\beta) = \cos\alpha\cos\beta + \sin\alpha\sin\beta \end{cases}$$

➩ 正接の加法定理

$$\begin{cases} \tan(\alpha+\beta) = \dfrac{\tan\alpha+\tan\beta}{1-\tan\alpha\tan\beta} \\ \tan(\alpha-\beta) = \dfrac{\tan\alpha-\tan\beta}{1+\tan\alpha\tan\beta} \end{cases}$$

➩ 倍角の公式

$$\sin 2\alpha = 2\sin\alpha\cos\alpha$$

$$\cos 2\alpha = \cos^2\alpha - \sin^2\alpha = 1 - 2\sin^2\alpha = 2\cos^2\alpha - 1$$

$$\tan 2\alpha = \dfrac{2\tan\alpha}{1-\tan^2\alpha}$$

➩ 三角関数の合成

$$\cos\alpha = \dfrac{a}{\sqrt{a^2+b^2}}, \quad \sin\alpha = \dfrac{b}{\sqrt{a^2+b^2}} \text{ のとき}$$

$$a\sin\theta + b\cos\theta = \sqrt{a^2+b^2}\sin(\theta+\alpha)$$

➩ 積を和，差に変形する公式

$$\sin\alpha\cos\beta = \dfrac{1}{2}\{\sin(\alpha+\beta) + \sin(\alpha-\beta)\}$$

$$\cos\alpha\cos\beta = \dfrac{1}{2}\{\cos(\alpha+\beta) + \cos(\alpha-\beta)\}$$

$$\sin\alpha\sin\beta = -\dfrac{1}{2}\{\cos(\alpha+\beta) - \cos(\alpha-\beta)\}$$

➩ 和，差を積に変形する公式

$$\sin A + \sin B = 2\sin\dfrac{A+B}{2}\cos\dfrac{A-B}{2}$$

$$\sin A - \sin B = 2\cos\dfrac{A+B}{2}\sin\dfrac{A-B}{2}$$

$$\cos A + \cos B = 2\cos\frac{A+B}{2}\cos\frac{A-B}{2}$$

$$\cos A - \cos B = -2\sin\frac{A+B}{2}\sin\frac{A-B}{2}$$

指数関数

⇨ $a \neq 0$ で，n が正の整数のとき，$a^0 = 1$，$a^{-n} = \dfrac{1}{a^n}$

⇨ **累乗根**

n が奇数のとき，

a の n 乗根はいつも1つある．これを $\sqrt[n]{a}$ とかく．

n が偶数のとき，

正の数 a の n 乗根は正，負1つずつある．その正の方を $\sqrt[n]{a}$ とかく．負の数の n 乗根は存在しない．

⇨ $a > 0$，$b > 0$ のとき

$\sqrt[n]{a}\sqrt[n]{b} = \sqrt[n]{ab}$，$\dfrac{\sqrt[n]{a}}{\sqrt[n]{b}} = \sqrt[n]{\dfrac{a}{b}}$，$\sqrt[n]{a^m} = (\sqrt[n]{a})^m$，$\sqrt[m]{\sqrt[n]{a}} = \sqrt[mn]{a}$

⇨ $a > 0$ で，m が整数，n が自然数のとき，

$a^{\frac{m}{n}} = \sqrt[n]{a^m}$，とくに，$a^{\frac{1}{n}} = \sqrt[n]{a}$

⇨ **指数法則**

（1）　$a^p \times a^q = a^{p+q}$　　（2）　$a^p \div a^q = a^{p-q}$，

（3）　$(a^p)^q = a^{pq}$　　（4）　$(ab)^p = a^p b^p$

⇨ 指数関数 $y = a^x$ ($a > 0, a \neq 1$) について

（1）　すべての実数 x に対して $a^x > 0$ である．すなわち，グラフはつねに x 軸の上にある．

（2）　グラフは，点 $(0, 1)$ および点 $(1, a)$ を通る．

（3）　グラフは x 軸を漸近線とする．

（4）　$a > 1$ のときは，単調増加である．すなわち，

$p < q$ ならば $a^p < a^q$ である．

$0 < a < 1$ のときは，単調減少である．すなわち
$p < q$ ならば $a^p > a^q$ である．

対数関数

↪ $a > 0$, $a \neq 1$ のとき，$\log_a p = q \iff p = a^q$
↪ $a > 0$, $a \neq 1$ のとき，$\log_a a^p = p$, $a^{\log_a p} = p$
↪ $a > 0$, $a \neq 1$ のとき，$\log_a 1 = 0$, $\log_a a = 1$
↪ 積，商，累乗の対数
（1） $\log_a MN = \log_a M + \log_a N$
（2） $\log_a \dfrac{M}{N} = \log_a M - \log_a N$
（3） $\log_a M^r = r \log_a M$
↪ 底の変換公式
a, b, c が正の数で，$a \neq 1$, $c \neq 1$ のとき，
$$\log_a b = \dfrac{\log_c b}{\log_c a}$$
↪ 関数 $y = f(x)$ のグラフとその逆関数 $y = g(x)$ のグラフとは直線 $y = x$ に関して対称である．
↪ 対数関数 $y = \log_a x$ について
（1） 定義域は正の実数全体，値域は実数全体．
（2） $a > 1$ のときは，単調増加関数である．すなわち，
$p < q$ ならば，$\log_a p < \log_a q$ である．
$0 < a < 1$ のときは，単調減少関数である．すなわち，
$p < q$ ならば，$\log_a p > \log_a q$ である．
（3） グラフは定点 $(1, 0)$ を通り，y 軸が漸近線である．

微分係数と導関数

▶ 微分係数
$$f'(a) = \lim_{h \to 0} \frac{f(a+h) - f(a)}{h}$$

▶ 微分係数と接線の傾き
関数 $y = f(x)$ の $x = a$ における微分係数 $f'(a)$ は，曲線 $y = f(x)$ 上の点 $(a, f(a))$ における接線の傾きである．

▶ 導関数
$$f'(x) = \lim_{h \to 0} \frac{f(x+h) - f(x)}{h}$$

▶ 微分法の公式
（1） 整数乗の微分　　$(x^n)' = nx^{n-1}$　$(n = 0, \pm1, \pm2, \cdots)$

（2） 定数の微分　　　$(k)' = 0$

（3） 定数倍の微分　　$\{kf(x)\}' = kf'(x)$

（4） 和の微分　　　　$\{f(x) + g(x)\}' = f'(x) + g'(x)$

（5） 差の微分　　　　$\{f(x) - g(x)\}' = f'(x) - g'(x)$

（6） 積の微分　　　　$\{f(x)g(x)\}' = f'(x)g(x) + f(x)g'(x)$

（7） 商の微分　　　　$\left\{\dfrac{f(x)}{g(x)}\right\}' = \dfrac{f'(x)g(x) - f(x)g'(x)}{g(x)^2}$

（8） 合成関数の微分　$y = f(u), u = g(x)$ のとき合成関数 $y = f(g(x))$ について $\dfrac{dy}{dx} = \dfrac{dy}{du}\dfrac{du}{dx}$

導関数の応用

▶ 接線の方程式
曲線 $y = f(x)$ 上の点 $P(x_1, y_1)$ における接線の方程式は，
$$y - y_1 = f'(x_1)(x - x_1)$$

▶ $f'(x)$ の符号と関数の値の増減
関数 $y = f(x)$ の値は，

$f'(x) > 0$ となる x の値の範囲で増加する．
$f'(x) < 0$ となる x の値の範囲で減少する．

⇨ $f(x)$ の極大・極小の調べ方

$f'(x) = 0$ となる x の値を求め，その前後における $f'(x)$ の符号を調べる．

$f'(x)$ の符号が正から負に変わる……極大

$f'(x)$ の符号が負から正に変わる……極小

数列

⇨ 等差数列の一般項

初項 a，公差 d の等差数列の一般項 a_n は

$a_n = a + (n-1)d$

⇨ 等差数列の和

初項 a，公差 d，項数 n の等差数列の和を S_n とすると

$S_n = \dfrac{1}{2}n\{2a+(n-1)d\}$

⇨ 自然数の和

$1+2+3+\cdots+n = \dfrac{1}{2}n(n+1)$

⇨ 等比数列の一般項

初項 a，公比 r の等比数列の一般項 a_n は

$a_n = ar^{n-1}$

⇨ 等比数列の和

初項 a，公比 r の等比数列の初項から n 項までの和を S_n とすると

$r \neq 1$ のとき $S_n = \dfrac{a(1-r^n)}{1-r}$

$r = 1$ のとき $S_n = na$

⇨ 自然数の平方・立方の和

$1^2+2^2+3^2+\cdots+n^2 = \dfrac{1}{6}n(n+1)(2n+1)$

$$1^3+2^3+3^3+\cdots+n^3 = \left\{\frac{1}{2}n(n+1)\right\}^2$$

⇨ Σ の性質

$$\sum_{k=1}^{n}(a_k+b_k) = \sum_{k=1}^{n}a_k + \sum_{k=1}^{n}b_k, \quad \sum_{k=1}^{n}pa_k = p\sum_{k=1}^{n}a_k$$

⇨ 階差数列と一般項

数列 $\{a_n\}$ の階差数列を $\{b_n\}$ とすると

$$b_n = a_{n+1} - a_n$$

$n \geqq 2$ のとき

$$a_n = a_1 + \sum_{k=1}^{n-1} b_k$$

⇨ 二項定理

$$(a+b)^n = \sum_{r=0}^{n} {}_n\mathrm{C}_r \, a^{n-r}b^r$$

無限数列

⇨ 極限値の性質

数列 $\{a_n\}$, $\{b_n\}$ が収束し，$\lim_{n\to\infty} a_n = \alpha$, $\lim_{n\to\infty} b_n = \beta$ のとき

$\lim_{n\to\infty} ka_n = k\alpha$　ただし k は定数

$\lim_{n\to\infty}(a_n+b_n) = \alpha+\beta, \quad \lim_{n\to\infty}(a_n-b_n) = \alpha-\beta$

$\lim_{n\to\infty} a_n b_n = \alpha\beta$

$\beta \neq 0$ ならば，$\lim_{n\to\infty} \dfrac{a_n}{b_n} = \dfrac{\alpha}{\beta}$

⇨ 極限と大小関係

すべての n について，$a_n \leqq b_n$ のとき，

$\lim_{n\to\infty} a_n = \alpha, \quad \lim_{n\to\infty} b_n = \beta$ ならば，$\alpha \leqq \beta$

$\lim_{n\to\infty} a_n = \infty$ ならば，$\lim_{n\to\infty} b_n = \infty$

すべての n について，$a_n \leqq c_n \leqq b_n$ のとき，

$$\lim_{n\to\infty} a_n = \lim_{n\to\infty} b_n = \alpha \text{ ならば, } \lim_{n\to\infty} c_n = \alpha$$

⇨ $\{r^n\}$ の極限

$r > 1$ ならば, $\lim_{n\to\infty} r^n = \infty$

$r = 1$ ならば, $\lim_{n\to\infty} r^n = 1$

$-1 < r < 1$ ならば, $\lim_{n\to\infty} r^n = 0$

$r \leqq -1$ ならば, $\{r^n\}$ は振動する

⇨ 無限等比級数の収束, 発散

$a > 0$ のとき, 無限等比級数 $\sum_{k=1}^{\infty} ar^{k-1}$ は,

$-1 < r < 1$ ならば, 収束し, その和は $\dfrac{a}{1-r}$ である

$r \geqq 1$ ならば, ∞ に発散する

$r \leqq -1$ ならば, 振動する

集合と命題

⇨ 共通部分と合併集合に関する分配法則

$A \cap (B \cup C) = (A \cap B) \cup (A \cap C)$

$A \cup (B \cap C) = (A \cup B) \cap (A \cup C)$

⇨ ド・モルガンの法則

$\overline{A \cup B} = \overline{A} \cap \overline{B}, \ \overline{A \cap B} = \overline{A} \cup \overline{B}$

⇨ 合併集合の要素の個数

集合 X の要素の個数を $n(X)$ とするとき

$n(A \cup B) = n(A) + n(B) - n(A \cap B)$

$A \cap B = \emptyset$ のとき, $n(A \cup B) = n(A) + n(B)$

⇨ 補集合の要素の個数

U を全体集合, A を U の部分集合とし, 集合 X の要素の個数を $n(X)$ とするとき

$n(\overline{A}) = n(U) - n(A)$

➡ 必要条件と十分条件

（1） $p \Longrightarrow q$ が真であるとき

　　　q は，p であるための必要条件である，

　　　p は，q であるための十分条件である

（2） $p \Longleftrightarrow q$ が真であるとき

　　　q は，p であるための必要十分条件である．

➡ 条件についてのド・モルガンの法則

$$\overline{p \text{ または } q} \Longleftrightarrow \bar{p} \text{ かつ } \bar{q},$$
$$\overline{p \text{ かつ } q} \Longleftrightarrow \bar{p} \text{ または } \bar{q}$$

➡ 対偶

$$
\begin{array}{ccc}
\boxed{p \Longrightarrow q} & \xleftarrow{\ \ \text{逆}\ \ } & \boxed{q \Longrightarrow p} \\
\updownarrow \text{裏} & \text{対偶} & \updownarrow \text{裏} \\
\boxed{\bar{p} \Longrightarrow \bar{q}} & \xleftarrow{\ \ \text{逆}\ \ } & \boxed{\bar{q} \Longrightarrow \bar{p}}
\end{array}
$$

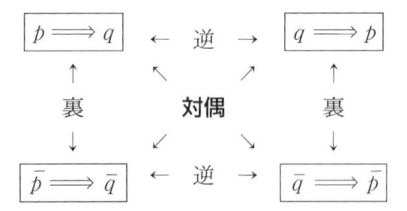

➡ 命題とその対偶

（1）「$p \Longrightarrow q$」が真であるならば，「$\bar{q} \Longrightarrow \bar{p}$」は真であり，

　　　「$\bar{q} \Longrightarrow \bar{p}$」が真であるならば，「$p \Longrightarrow q$」は真である

（2）「$p \Longrightarrow q$」を証明するのに，そのかわりに，その対偶「$\bar{q} \Longrightarrow \bar{p}$」を証明してもよい

➡ 背理法（による証明の手順）

（Ⅰ）　その命題が成り立たないと仮定する

（Ⅱ）　（Ⅰ）から矛盾を導く

（Ⅲ）　（Ⅰ），（Ⅱ）より，その命題が成り立つと結論する

順列と組合せ

➡ 順列

n 個のものから r 個のものを取った順列の総数は

$$_n\mathrm{P}_r = n(n-1)(n-2)\cdots(n-r+1) = \frac{n!}{(n-r)!}$$

特に $_n\mathrm{P}_n = n(n-1)(n-2)\cdots\cdots 3\cdot 2\cdot 1 = n!$

↪ 異なる n 個のものの円順列の総数は $(n-1)!$
↪ n 個のものから r 個のものを取った重複順列の総数は n^r
↪ **組合せ**

n 個のものから r 個のものを取り出した組合せの総数は

$$_n\mathrm{C}_r = \frac{_n\mathrm{P}_r}{r!} = \frac{n!}{r!(n-r)!} = \frac{n(n-1)(n-2)\cdots(n-r+1)}{r(r-1)\cdots\cdots 3\cdot 2\cdot 1}$$

↪ **$_n\mathrm{C}_r$ の性質**

$_n\mathrm{C}_r = {_n\mathrm{C}_{n-r}}$

$_n\mathrm{C}_r = {_{n-1}\mathrm{C}_{r-1}} + {_{n-1}\mathrm{C}_r}$　　ただし　$1 \leqq r \leqq n-1$

↪ n 個のもののうちで，p 個は同じもの，q 個は他の同じもの，r 個はまた他の同じもの，…であるとき，これら n 個のもの全部を使って作られる順列の総数は

$$\frac{n!}{p!\,q!\,r!\cdots}$$　　ただし　$p+q+r+\cdots = n$

ギリシャ文字

大文字	小文字	読み方
A	α	アルファ (alpha)
B	β	ベーター (beta)
Γ	γ	ガンマ (gamma)
Δ	δ	デルタ (dalta)
E	ε, ϵ	イプシロン (epsilon)
Z	ζ	ゼータ, ツェータ (zeta)
H	η	イータ, エータ (eta)
Θ	θ, ϑ	シータ, テータ (theta)
I	ι	イオター (iota)
K	κ	カッパ (kappa)
Λ	λ	ラムダ (lambda)
M	μ	ミュー (mu)
N	ν	ニュー (nu)
Ξ	ξ	グザイ, クシー (xi)
O	o	オミクロン (omicron)
Π	π	パイ (pi)
P	ρ	ロー (rho)
Σ	σ	シグマ (sigma)
T	τ	タウ (tau)
Υ	υ	ウプシロン (upsilon)
Φ	φ, ϕ	ファイ, フィー (phi)
X	χ	カイ (chi)
Ψ	ψ	プサイ, プシー (psi)
Ω	ω	オメガ (omega)

索　引

あ　行

一般角	22
因数定理	10
裏	111

か　行

解と係数の関係	7
合併集合	96
仮定	106
偽	106
基本周期	32
既約	14
逆	111
逆関数	55
共通部分	96
共役複素数	2
極限値	60
極小	79
極小値	79
極大	79
極大値	79
極値	79
虚数	1
虚数単位	1
虚部	2
空集合	97
区間	78
係数比較法	19
結論	106
元	92
高次方程式	10
合成関数の微分公式	73
恒等式	18
弧度法	23

さ　行

三角関数	26
三角関数の合成	38
指数	43
指数関数	48
指数法則	47
実部	2
重解	6
周期	32
周期関数	32
集合	92
十分条件	108
条件についてのド・モルガンの法則	110
商の微分公式	72
剰余の定理	9
真	106
真数	52
数値代入法	19
正弦	25
正弦，余弦の加法定理	32
正接	25
正接の加法定理	35
正の角	22
積・商・累乗の対数	53
積の微分公式	69
積を和，差に変形する公式	39
接線	62
接線の方程式	75
接点	62
全体集合	99
増分	64
属する	92

た　行

対偶	111
対数	52
対数関数	57
互いに素	97
単位円	26
底	52
底の変換公式	54
導関数	63
同値	108
ド・モルガン（de Morgan）の法則	100

な　行

2次方程式の解の公式	5

は　行

倍角の公式	36
背理法	113
半角の公式	37
繁分数式	16
判別式	5
反例	107
必要十分条件	108
必要条件	108
否定	109
微分係数	61
微分する	63
複素数	1
負の角	22
部分集合	95
部分分数分解	20
分数式	14
平均変化率	61
法線	76
補集合	99

ま　行

命題	106

や　行

有理式	17
有理数	17
要素	92
余弦	25

ら　行

ラジアン（radian）	23
累乗	43
累乗根	45

わ　行

和，差を積に変形する公式	39

数学基礎教育研究会
上田 英靖　大同大学教養部数学教室
瀬川 重男　大同大学教養部数学教室
多田 俊政　大同大学教養部数学教室
成田 淳一郎　大同大学教養部数学教室

数学の基礎

2004年10月30日　第1版　第1刷　発行
2023年9月30日　第1版　第11刷　発行

編　者　数学基礎教育研究会
発行者　発田和子
発行所　株式会社 学術図書出版社
〒113-0033　東京都文京区本郷5-4-6
TEL 03-3811-0889　振替 00110-4-28454
印刷　中央印刷(株)

定価は表紙に表示してあります。

本書の一部または全部を無断で複写(コピー)・複製・転載することは，著作権法で認められた場合を除き，著作物および出版社の権利の侵害となります．あらかじめ小社に許諾を求めてください．

© 2004　数学基礎教育研究会　Printed in Japan